火电厂烟气脱硫

安全运行与优化

国能龙源环保有限公司　编

内 容 提 要

本书根据国能龙源环保有限公司（简称龙源环保）特许运维板块30余家火电厂烟气治理设施的运行实践经验，结合国内主流的石灰石-石膏湿法烟气脱硫和SCR烟气脱硝技术编写成书，对脱硫脱硝技术原理、操作调整、运行优化、故障处理以及技术发展与应用进行全面介绍和阐述。

本书共分为四章：第一章针对典型湿法烟气脱硫和烟气脱硝技术的工艺原理、技术特点、影响因素及存在问题进行概述；第二章针对烟气脱硫安全运行与优化进行详细讲解，包括石灰石-石膏湿法烟气脱硫系统的启停与调整、运行优化和故障处理三方面内容；第三章针对烟气脱硝安全运行与优化进行详细讲解，包括SCR脱硝系统的启停与调整、运行优化和故障处理三方面内容；第四章针对脱硫脱硝技术发展与应用展开描述，反映当前脱硫脱硝技术的发展应用情况。

本书可供电力行业和钢铁、水泥、石化等非电行业脱硫脱硝运行技术人员和管理人员参考使用。

图书在版编目（CIP）数据

火电厂烟气脱硫脱硝系统运行培训教材．安全运行与优化/国能龙源环保有限公司编．—北京：中国电力出版社，2023.12

ISBN 978-7-5198-8403-1

Ⅰ.①火… Ⅱ.①国… Ⅲ.①火电厂-烟气脱硫-设备-运行-技术培训-教材②火电厂-烟气-脱销-设备-运行-技术培训-教材 Ⅳ.①X701.3

中国国家版本馆CIP数据核字（2023）第236619号

出版发行：中国电力出版社
地　　址：北京市东城区北京站西街19号（邮政编码100005）
网　　址：http：//www.cepp.sgcc.com.cn
责任编辑：赵鸣志　马雪倩
责任校对：黄　蓓　郝军燕
装帧设计：赵丽媛
责任印制：吴　迪

印　　刷：北京雁林吉兆印刷有限公司
版　　次：2023年12月第一版
印　　次：2023年12月北京第一次印刷
开　　本：787毫米×1092毫米　16开本
印　　张：10.75
字　　数：224千字
印　　数：0001—2500册
定　　价：55.00元

《火电厂烟气脱硫脱硝系统运行培训教材》

——安全运行与优化——

编写人员名单

李　伟　张永强　张　超　郭锦涛　张　鹏　段　强

郑晓波　苏殿熙　陈训强　刘国栋　常建平　尹二新

张艳江　王　涛　孙　泽　吴利华　郭子路　杨　堃

白建勋　胡秀蓉

序

自“十一五”起，我国将加强工业污染防治纳入规划，控制燃煤电厂二氧化硫排放成为环保工作重点之一。经过多年努力，电力环保产业快速健康发展，特别是火电厂烟气治理取得了长足的进步，助力我国建成全球最大清洁煤电供应体系，为打赢“蓝天保卫战”、推动生态文明建设做出了积极贡献。这其中，烟气脱硫脱硝系统等环保设施的高效运行，无疑起到了关键作用。

随着“双碳”目标的提出和能耗“双控”等产业政策的持续推进，“十四五”时期，我国存量煤电机组将从主力电源向调节型电源转型，火电环保设施运维管理必须以持续高质量发展为目标，进一步提高设备可靠性、降低能耗指标、降低污染物排放，保障机组稳定运行和灵活调峰。因此，精细化、标准化和规范化管理，成为提升火电环保设施运维水平的重要着力点。但在实际生产过程中，一些火电企业辅控系统生产管理相对粗放，运行人员技术技能水平偏低，导致运行不稳定、设备损坏、非计划停运、超标排放等现象时有发生，对煤电机组全时段稳定运行和达标排放造成了严重影响，是制约煤电行业高质量转型发展的隐患之一。

国能龙源环保有限公司是国家能源集团科技环保产业的骨干企业，是我国第一家电力环保企业。公司成立近30年以来，始终跻身污染防治主战场和最前线，率先引进了石灰石-石膏湿法脱硫全套技术，率先开展了燃煤电站环保岛特许经营。在石灰石-石膏湿法脱硫及SCR烟气脱硝设计、建设、运营维护方面开展了大量探索实践，逐渐积累形成了关于脱硫、SCR脱硝设施运行管理的一整套行之有效的标准化管理经验。

眼前的这套丛书，正是对这些经验的系统梳理和完整呈现。丛书由两个分册构成，分别从脱硫、脱硝运行标准化过程管理和效果评价、安全运行与优化两个方面，对石灰石-石膏湿法脱硫系统、SCR烟气脱硝系统的运行管理优化做了深入浅出的讲解。这套书是龙源环保团队长期深耕环保设施运维领域的厚积薄发，也是基层技术管理人员从实践中得出的真知灼见。

这套书的出版，不仅对推动环保设施运行作业标准化、促进运行人员技能水平快速提升有重要的借鉴意义，对于钢铁、水泥、石化等非电行业石灰石-石膏湿法脱硫技术及SCR烟气脱硝技术应用水平的提升，也有一定的参考价值。

2023年12月

前言

我国是世界上最大的发展中国家，也是目前位居世界第一位的能源生产和消费大国。受我国一次能源的储备、发展条件、经济结构等多方面因素的影响，我国能源产业形成以煤为主的发展道路。能源消费的持续增长，也为经济社会发展提供重要的支撑。一直以来，煤电在我国发电装机结构和发电量结构中均居于主导地位，是我国电力供应的基础性电源。煤电在源源不断输送电能的同时，煤炭燃烧产生的二氧化硫、氮氧化物等气体污染物也对环境造成一定的影响。虽然燃煤电厂装备了大气污染物治理设施，但潜在的环境问题依然存在。为强化大气污染治理，国家制定了一系列法律法规和标准，为大气环境持续改善发挥了根本性作用。

“十一五”以来，控制燃煤电厂污染物排放成为我国环保工作的主要任务。为提高燃煤电厂环保设施建设和运行水平，国家制定了电价补贴、电量奖励和税收优惠等政策，引入创新机制，探索燃煤电厂大气污染第三方治理模式，极大地调动发电企业和第三方服务单位积极性。2011年，我国再次修订《火电厂大气污染物排放标准》，规定了火电厂大气污染物排放限值，增设大气污染物特别排放限值。2014年6月，国务院办公厅首次发文要求新建燃煤发电机组大气污染物排放接近燃气机组排放水平，由此拉开燃煤电厂超低排放的序幕。2015年，环境保护部、国家发展改革委、能源局三部门联合印发《全面实施燃煤电厂超低排放和节能改造工作方案》，将“燃煤电厂超低排放与节能改造”提升为国家专项行动。

随着大气污染物排放要求不断趋严，以及超低排放改造专项行动的实施，火电厂大气污染防治技术发展迅速。为加强和规范火电厂污染防治，引导企业选择技术可靠、经济、合理的污染防治技术路线，环境保护部于2017年发布了《火电厂污染防治可行技术指南》，明确火电厂污染防治达标可行技术和超低排放技术路线。截至2022年底，全国达到超低排放限值的煤电机组约10.5亿kW，约占全国煤电装机容量的94%，二氧化硫、氮氧化物、颗粒物三大常规污染物排放浓度实现燃煤发电与燃气发电基本同等清洁，烟气治理水平领先世界，为我国空气质量改善做出巨大贡献。

2020年，我国提出“碳达峰、碳中和”战略目标。在“双碳”目标背景下，现代能源体系加快构建，煤炭的消费占比将在清洁能源的替代效应下有所下降，但从资源禀赋、能源安全和能源自主性的角度综合考虑，较长一段时期内，煤炭的主体能源地位不会动摇，在保障我国能源安全方面还将发挥基础和兜底作用，煤电在我国电力结构中的基础性地位仍将保持。“十四五”期间，随着新一轮电力体制改革的大力实施，以及能耗“双控”向碳排放“双控”“三改”联动、深入开展污染防治攻坚等一系列节能环保政策的持续推进，煤炭的清洁高效利用成为电力行业重点发展方向，煤电企业节能减排降碳的压力日趋增大，尤其是面对当前燃烧煤种频繁变化、电网快速调峰、排放限值收紧等不利因素，均对脱硫脱硝等环保设施的安全和经济运行提出了更高要求。燃煤电厂脱硫脱硝等环保设施的更可靠、更灵活、更经济的运行调整方式，也将进一步为“双碳”目标的实现贡献环保力量。

在新形势下，常规大气污染物协同减排、非常规污染物控制、低成本脱硫废水零排放、传统脱硫脱硝剂替代、烟气治理设施节能优化等技术研发与应用仍然面临诸多难点。同时，“双碳”目标的提出，也给整个电力环保行业发展走向带来更多的机遇和挑战。

在此背景下，本书主要围绕国内主流的石灰石-石膏湿法烟气脱硫和 SCR 烟气脱硝技术，结合龙源环保多年燃煤电厂第三方治理运行和维护经验，对脱硫脱硝技术原理、操作调整、运行优化、故障处理以及技术发展与应用进行论述。本书共有四章：第一章详细介绍了典型湿法烟气脱硫和烟气脱硝技术的工艺原理、技术特点、影响因素及存在问题；第二章着重介绍了石灰石-石膏湿法烟气脱硫系统的启停与调整、运行优化和故障处理；第三章着重介绍了 SCR 脱硝系统的启停与调整、运行优化和故障处理；第四章重点分析了脱硫脱硝技术发展与应用。

本书李伟负责完成第一章、第四章全部内容的资料收集、整理、撰写；张超、张鹏负责完成第二章全部内容的资料收集、整理、撰写；张永强、郭锦涛、段强、郑晓波、苏殿熙、陈训强、刘国栋、常建平、尹二新、张艳江、王涛、孙泽、吴利华、郭子路、杨堃、白建勋、胡秀蓉负责完成第三章全部内容的资料收集、整理、撰写。本书可供火电行业和钢铁、水泥、石化等非电行业脱硫和脱硝运行技术人员和管理人员参考使用。

由于编者水平有限，成书仓促，书中难免有欠缺之处，恳请各位专家、学者和广大读者批评指正。

编者

2023 年 10 月

目 录

第一章　烟气脱硫脱硝技术

燃煤烟气所含的烟尘、二氧化硫、氮氧化物是造成大气污染和酸雨的主要来源，我国为保护生态及大气环境，逐步引进并开发了多种脱硫、脱硝技术工艺。

2003 年颁布的火电厂大气污染物排放标准，对燃煤机组提出了全面烟气脱硫的要求，各阶段建设的燃煤机组全面纳入 SO_2 浓度限值控制，从此，中国火电行业烟气治理进入了快速发展阶段，石灰石-石膏湿法烟气脱硫技术和低氮燃烧技术得到普及，成为燃煤电厂 SO_2 和 NO_x 控制的首选技术。之后，燃煤机组 NO_x 排放浓度限值进一步加严，仅依靠低氮燃烧技术已无法满足，选择性催化还原法（selective catalytic reduction，SCR）烟气脱硝技术作为一种高效的 NO_x 控制技术在燃煤电厂得到广泛应用。

2014 年，随着《煤电节能减排升级与改造行动计划（2014—2020 年）》的颁布，燃煤电厂大气污染物控制步入了超低排放阶段，国内在引进消化吸收及自主创新的基础上形成了多种新型高效脱硫技术，如石灰石-石膏法的传统空塔喷淋提效技术，复合塔技术（包括旋汇耦合、沸腾泡沫、旋流鼓泡、双托盘、湍流管栅等）和 pH 值分区技术（包括单塔双 pH 值、双塔双 pH 值、单塔双区等）。NO_x 超低排放普遍采用增加催化剂层数的方法实现，同时，新型催化剂、全负荷脱硝等技术也应运而生，并得到不同程度的技术突破。

目前，我国煤电行业脱硫脱硝技术已形成了以石灰石-石膏湿法烟气脱硫技术、低氮燃烧＋SCR 烟气脱硝技术（煤粉炉）、低氮燃烧＋SNCR 技术（循环流化床锅炉）为主，其他方法为辅的格局。

第一节　烟气脱硫技术

燃煤电厂脱硫技术，按照脱硫工艺在燃煤燃烧阶段划分，可分为燃烧前脱硫、燃烧中脱硫和燃烧后脱硫，其中燃烧后脱硫又称烟气脱硫（flue gas desulfurization，FGD）。在 FGD 系统中，按吸收剂及脱硫副产物在脱硫过程中的干湿状态可分为干法烟气脱硫技术（DFGD）、半干法烟气脱硫技术（SDFGD）、湿法烟气脱硫技术（WFGD）三类。

（1）干法烟气脱硫技术（DFGD）：整个脱硫过程均在干态下完成，脱硫吸收剂及副产物均为干粉状。干法烟气脱硫技术具有脱硫过程中烟气无明显温降、脱硫后烟气温度高利于扩散、设备腐蚀小、不产生废水及不发生结垢和堵塞等优点，但存在脱硫效率低、反应速率慢、钙利用率低、设备庞大等问题，脱硫副产物与飞灰混合，可能影响综合利用等缺点，适用于低硫煤的烟气脱硫，主要有炉内喷钙烟气脱硫技术、炉内喷钙尾部烟气增湿活化烟气脱硫技术、活性炭吸附-再生烟气脱硫技术等。

(2) 半干法烟气脱硫技术（SDFGD）：兼顾湿法烟气脱硫和干法烟气脱硫的特点，脱硫剂在干态下脱硫、在湿态下再生，或在湿态下脱硫、干态下再生。该技术具有无废水产生、干态脱硫剂及副产物易处理、工艺简单的优点，但脱硫效率及钙利用率低，适用于低硫煤、中硫煤的烟气脱硫。半干法烟气脱硫技术主要有循环流化床烟气脱硫技术、喷雾干燥烟气脱硫技术、增湿灰循环烟气脱硫技术等。

(3) 湿法烟气脱硫技术（WFGD）：湿法烟气脱硫整个过程以水为介质，不论是吸收剂的制备投入、脱硫反应过程、副产物的分离与脱除均在湿态下完成。该技术具有脱硫反应速率快、脱硫效率高、运行可靠、技术成熟、吸收剂资源丰富易获取、副产品可回收利用的优点，但存在耗水量偏大、运行过程中会产生脱硫废水，设备易腐蚀结垢等问题，适用于低、中、高硫煤的烟气脱硫。湿法烟气脱硫技术根据吸收剂的不同，可分为钙法、镁法、钠法、氨法、海水法、活性炭吸附等。其中，石灰石-石膏湿法烟气脱硫技术，是目前世界上技术最成熟，商业化应用规模最大的脱硫方法。本章节主要介绍石灰石-石膏湿法烟气脱硫技术、循环流化床烟气脱硫技术、海水烟气脱硫技术及氨法烟气脱硫技术。

一、 石灰石-石膏湿法烟气脱硫技术

(一) 工艺技术特点

石灰石-石膏湿法烟气脱硫技术采用石灰石作为脱硫吸收剂，石灰石资源丰富且易于获取，脱硫吸收反应速率快、运行可靠，脱硫效率可达95%～99%，钙的利用率可达90%以上，适用于低、中、高硫煤的烟气处理，通过技术叠加亦可实现超高硫煤出口烟气 SO_2 浓度的超低排放。该脱硫装置设置在锅炉尾部，是独立的操作单元，基本不会对锅炉的燃烧产生干扰，也不影响锅炉的热效率，对机组负荷变化适应性强。该技术在脱硫运行过程中存在磨损、腐蚀现象，对设备材质要求较高，且不可避免地产生脱硫废水，其成分复杂、氯离子浓度高，常规的废水处理技术难以处理高氯含量的脱硫废水。

石灰石-石膏湿法脱硫系统主要由烟气系统、SO_2 吸收系统、石灰石浆液制备系统、石膏脱水系统、工艺/工业水系统、废水处理系统、压缩空气系统、事故浆液排放系统等组成。石灰石经破碎磨制成石灰石粉与水混合制备成石灰石浆液或通过湿式球磨机制备成品石灰石浆液。来自锅炉引风机出口的烟气经原烟道从吸收塔中部进入，在吸收塔内通过循环浆液的洗涤，烟气中的 SO_2 被循环浆液吸收并与浆液中的碳酸钙、水反应生成亚硫酸钙，亚硫酸钙在吸收塔浆液池中与鼓入的氧化空气进行反应，最终在吸收塔循环浆液池内生成

石膏，并经石膏脱水系统进行脱除。经脱硫后的烟气经除雾器去除烟气中夹带的浆液液滴后，通过净烟道经烟囱排入大气，在此过程中也会同时去除烟气中的其他污染物，如粉尘、HCl、HF、SO_3 等。典型石灰石-石膏湿法烟气脱硫工艺流程见图 1-1。

（二）基本理论

石灰石-石膏湿法烟气脱硫是利用二氧化硫的酸性、在水中有一定的溶解度、具有还原性及氧化性，与碱性物质生成不溶于水的物质。在石灰石-石膏湿法烟气脱硫工艺中，石灰石浆液作为吸收剂，吸收二氧化硫是一个气液传质过程，其传质过程可以用双膜理论来描述（见图 1-2）。该模型基本要点是：

（1）在气-液界面两侧各有一层很薄的层流薄膜，即气膜和液膜，其厚度分别以 δ_g 和 δ_1 表示。即使气、液相主体处于湍流状态下，这两层膜内仍呈层流状。

（2）在界面处，SO_2 在气、液相中的浓度已达到平衡，即认为相界面处没有任何传质阻力。

（3）在两膜以外的气、液两相主体中，因流体处于充分湍流状态，所以 SO_2 在两相主体中的浓度是均匀的，不存在扩散阻力，不存在浓度差，但在两膜内有浓度差存在。SO_2 从气相转移到液相的实际过程是 SO_2 气体靠湍流扩散从气相主体达到气膜边界，靠分子扩散通过气膜到达两相界面。在界面上 SO_2 从气相溶入液相，再靠分子扩散通过液膜到达液膜边界；靠湍流扩散从液膜边界进入液相主体。

尽管气液两膜均极薄，但传质阻力仍集中在这两个膜层中，即 SO_2 吸收过程的传质总阻力可简化为两膜层的扩散阻力。气-液两相间的传质速率取决于通过气、液两膜的分子扩散速率，即 SO_2 脱除速率受 SO_2 在气、液两膜中分子扩散速率的控制，石灰石-石膏湿法烟气脱硫过程中主要是液膜控制过程。

（三）化学反应过程

石灰石-石膏湿法烟气脱硫工艺是以石灰石浆液与烟气中的 SO_2 反应，是典型的气体化学吸收过程，在洗涤烟气过程中发生了复杂的化学反应，从烟气中脱除 SO_2 的过程是在气、液、固三相中进行，发生了气-液反应和液-固反应，其反应式如下：

1. 气相 SO_2 被液相吸收

$$SO_2(g) + H_2O \rightleftharpoons H_2SO_3(l) \tag{1-1}$$

$$H_2SO_3(l) \rightleftharpoons H^+ + HSO_3^- \tag{1-2}$$

$$HSO_3^- \rightleftharpoons H^+ + SO_3^{2-} \tag{1-3}$$

SO_2 是一种易溶于水的酸性气体，在反应式（1-1）中 SO_2 经扩散作用从气相融入液相中，与水生成亚硫酸（H_2SO_3），H_2SO_3 迅速解离成亚硫酸氢根离子（HSO_3^-）和氢离子（H^+）[见式（1-2）]。只有当 pH 值较高时，HSO_3^- 的二级电离才会产生较高浓度的亚硫酸根（SO_3^{2-}）[见式（1-3）]。式（1-1）和式（1-2）都是可逆反应，要使 SO_2 的吸收不断进行，就必须中和式（1-2）中电离产生的 H^+，降低吸收液的酸度。

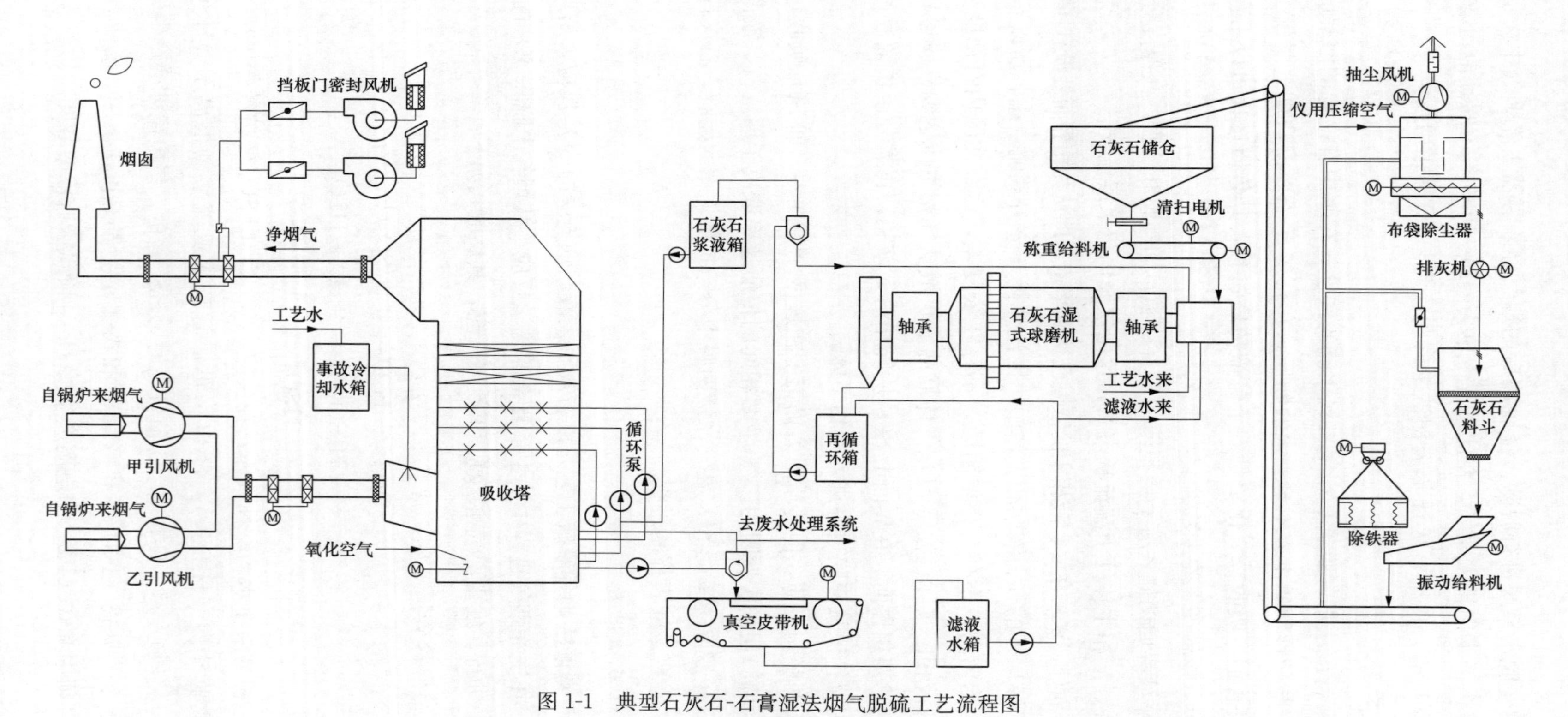

图 1-1 典型石灰石-石膏湿法烟气脱硫工艺流程图

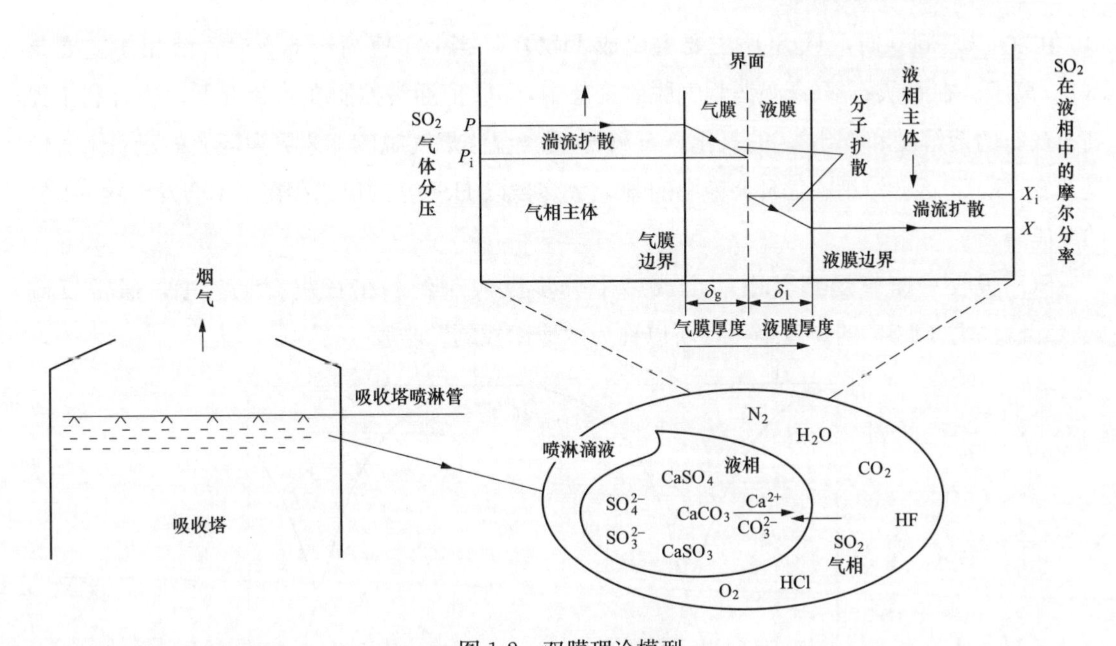

图 1-2 双膜理论模型

P—压力；P_i—SO_2 在气相中的压力；X—摩尔分数；X_i—SO_2 在液相中的摩尔分数；

δ_g—气膜的厚度；δ_l—液膜的厚度

2. 吸收剂溶解中和反应

$$CaCO_3(s) \longrightarrow CaCO_3(l) \tag{1-4}$$

$$CaCO_3(l) + H^+ + HSO_3^- \longrightarrow Ca^{2+} + SO_3^{2-} + H_2O + CO_2(g) \tag{1-5}$$

$$SO_3^{2-} + H^+ \longrightarrow HSO_3^- \tag{1-6}$$

碱性吸收剂的作用就是中和 H^+ [见式（1-5)]，当吸收液中的吸收剂反应完后，吸收液中的酸度将迅速上升，pH 值快速下降，当 SO_2 溶解达到饱和后，SO_2 的吸收就停止。

上述反应中关键步骤是式（1-4)、式（1-5)，即 Ca^{2+} 的形成。$CaCO_3$ 是一种极难溶的化合物，其作用实质上是向介质提供 Ca^{2+} 的过程，这一过程包括固体 $CaCO_3$ 的溶解 [见式（1-4)] 和进入液相中的 $CaCO_3$ 的分解 [见式（1-5)]。固体石灰石的溶解速度，反应活性以及液相中 H^+ 浓度（pH 值）影响中和反应速度和 Ca^{2+} 的形成，氧化反应以及其他一些化合物也会影响中和反应速度。

上述化学反应步骤中，Ca^{2+} 的形成是一个关键步骤，因为 SO_2 正是通过 Ca^{2+} 与 SO_3^{2-} 或 SO_4^{2-} 化合得以从溶液中去除。

由式（1-5）生成的亚硫酸根（SO_3^{2-}）可以进一步中和剩余的 H^+ [见式（1-6)]，但反应式是否发生取决于浆液的 pH 值。浆体液相中的 H_2SO_3、HSO_3^-、SO_3^{2-} 和 H^+（即 pH 值）浓度存在一个平衡关系，根据反应式（1-2）和式（1-3）可以计算出如图 1-3 所示的平衡关系曲线。图 1-3 显示了 H_2SO_3、HSO_3^-、SO_3^{2-} 相对含量与 pH 值的函数关系。当 pH 值高于 2.0 时，被吸收的 SO_2 大多以 H_2SO_3 的形式存在于液相中，随着 pH 值升高，当

pH 值为 4.0～5.0 时，H_2SO_3 主要解离成 HSO_3^-，当 pH 值高于 6.5 时，液相中主要是 SO_3^{2-} 离子。在石灰石-石膏湿法烟气脱硫工艺中，pH 值通常控制在 6.2 以下，这有利于提高石灰石的溶解度和 HSO_3^- 的氧化。石灰石-石膏湿法烟气脱硫工艺更为经典的运行 pH 值是 5.0～6.0，因此溶解在循环浆液中的 SO_2 大多数以 HSO_3^- 的形式存在，不会发生式（1-6）的反应。

SO_2 吸收总速率受到其中一个或多个分步反应制约。在石灰石工艺中，通常反应式（1-4）、式（1-5）的速度最慢，所以称为“速率控制”步骤。

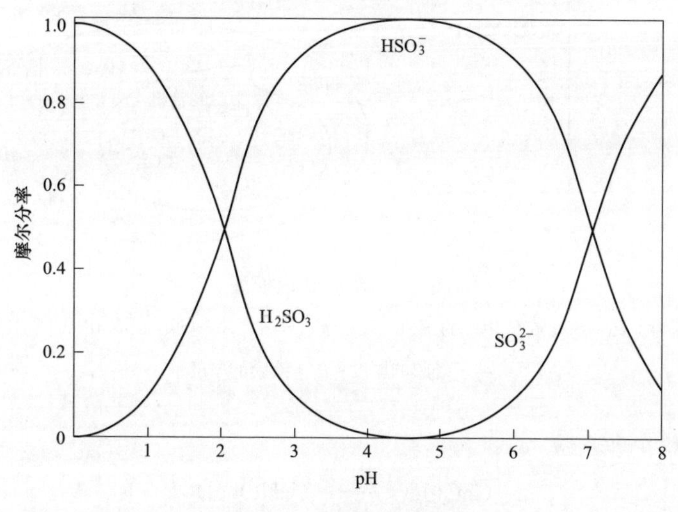

图 1-3　亚硫酸平衡曲线

3. 氧化反应

$$SO_3^{2-} + 1/2O_2 \longrightarrow SO_4^{2-} \tag{1-7}$$

$$HSO_3^- + 1/2O_2 \longrightarrow SO_4^{2-} + H^+ \tag{1-8}$$

亚硫酸的氧化是石灰石-石膏湿法烟气脱硫工艺中另一个重要的反应［见式（1-7）和式（1-8）］。SO_3^{2-} 和 HSO_3^- 都是较强的还原剂，烟气中的过剩空气、鼓入的氧化空气及液相中的溶解氧可将它们氧化成硫酸根（SO_4^{2-}）。

石灰石-石膏湿法烟气脱硫是目前世界上广泛采用的烟气脱硫技术。该技术以含石灰石粉的浆液作为脱硫吸收剂洗涤烟气，吸收烟气中的 SO_2、HF、HCl 等酸性气体，其中烟气中的 SO_2 与浆液中的碱性物质及鼓入的氧化空气，发生化学反应生成亚硫酸盐和硫酸盐。浆液中的固体（包括燃煤飞灰）连续地从浆液中分离出来并排出，新鲜石灰石加入吸收塔后同原有浆液一起循环参与烟气的洗涤过程，使反应不断向正方向进行，持续的脱除 SO_2，实现烟气中 SO_2 的达标排放。

4. 结晶析出

$$Ca^{2+} + SO_3^{2-} + 1/2H_2O \longrightarrow CaSO_3 \cdot 1/2H_2O(s) \tag{1-9}$$

$$Ca^{2+} + (1-x)SO_3^{2-} + xSO_4^{2-} + 1/2H_2O \longrightarrow (CaSO_3)_{(1-x)} \cdot (CaSO_4)_x \cdot 1/2H_2O(s) \tag{1-10}$$

式中 x——被吸收的 SO_2 氧化成 SO_4^{2-} 的摩尔分率。

$$Ca^{2+} + SO_4^{2-} + 2H_2O \longrightarrow CaSO_4 \cdot 2H_2O(s) \tag{1-11}$$

石灰石-石膏湿法烟气脱硫工艺中，浆液 pH 值在正常范围运行时，亚硫酸钙和硫酸钙的溶解度都较低，当中和反应产生的 Ca^{2+}、SO_3^{2-} 以及氧化反应产生的 SO_4^{2-} 达到一定浓度后，这三种离子组成的难溶性化合物就从溶液中沉淀析出。根据氧化程度不同，沉淀产物或者是半水硫酸钙［见式（1-9）］、亚硫酸钙和硫酸钙相结合的半水固溶体［见式（1-10）］、二水硫酸钙（石膏）［见式（1-11）］，或者是固溶体与石膏的混合物。

当控制被吸收的 SO_2 氧化成硫酸盐的分率［式（1-10）中的 x］不超过 0.15（即 15%）时，就可以形成半水亚硫酸钙与亚硫酸钙和硫酸钙相结合的半水固溶体的共沉淀，而始终不会形成硫酸钙的饱和溶液，也就不会形成二水硫酸钙硬垢。当氧化分率 x 大约超过 15%时，固溶体对硫酸钙的溶解已达到饱和，氧化生产的额外的硫酸钙将以二水硫酸钙（石膏）的形式沉淀析出，如式（1-11）所示。

石灰石-石膏湿法烟气脱硫工艺中，则是几乎 100%的氧化所吸收的 SO_2，避免或减少［式（1-9）］和［式（1-10）］反应的发生。通过控制液相二水硫酸钙（$CaSO_4 \cdot 2H_2O$）的过饱和度，既可防止发生二水硫酸钙结垢，又可以生产出质量较高的石膏［式（1-11）］。

5. 总反应式

$$CaCO_3 + 1/2H_2O + SO_2 \longrightarrow CaSO_3 \cdot 1/2H_2O + CO_2(g) \tag{1-12}$$

$$CaCO_3 + 2H_2O + SO_2 + 1/2O_2 \longrightarrow CaSO_4 \cdot 2H_2O + CO_2(g) \tag{1-13}$$

式（1-12）、式（1-13）是石灰石-石膏湿法烟气脱硫过程的总反应式，可以看出，无论是何种脱硫副产物，脱除 1molSO_2 必须消耗 1mol$CaCO_3$，也就是说理论钙硫化学计量比（Ca/S）为 1∶1。

6. 烟气中 HCl、HF 在脱硫过程中发生的反应

烟气中含量较少的 HCl、HF 被浆液洗涤，发生以下反应：

$$2HCl + CaCO_3 \longrightarrow CaCl_2 + H_2O + CO_2(g) \tag{1-14}$$

$$2HF + CaCO_3 \longrightarrow CaF_2 + H_2O + CO_2(g) \tag{1-15}$$

烟气中的 HCl 优先和石灰石中酸可溶性碳酸镁反应生成 $MgCl_2$，若有剩余的 HCl 则与 $CaCO_3$ 反应。实际上，上述反应几乎是同时发生的。

（四）主要技术参数及影响

石灰石-石膏湿法烟气脱硫工艺过程是一个比较复杂的物理、化学过程，影响脱硫效率的主要因素包括：吸收塔入口烟气条件，如烟气流量、温度、流速、SO_2 浓度、O_2 浓度、粉尘浓度；石灰石原料品质，如石灰石纯度、石灰石粉粒度；运行参数，如浆液 pH 值、浆液过饱和度、浆液停留时间、钙硫比、液气比、氯离子（Cl^-）含量。石灰石-石膏湿法

烟气脱硫主要工艺参数范围见表 1-1。

表 1-1　　石灰石-石膏湿法烟气脱硫主要工艺参数范围

项目	单位	工艺参数
吸收塔运行温度	℃	50～60
空塔烟气流速	m/s	3～3.8
喷淋层数	层	3～6
钙硫摩尔比	mol/mol	1.02～1.05
液气比	L/m^3	12～25
浆液 pH 值	—	4.5～6.5（含双循环）
脱硫效率	%	95.0～99.7
石灰石细度	目	250～325
石灰石纯度	%	＞90
系统阻力	Pa	＜2500
石膏纯度	%	＞90
入口烟气 SO_2 浓度	mg/m^3	≤12000
出口烟气 SO_2 浓度	mg/m^3	达标排放或超低排放
入口烟气粉尘浓度	mg/m^3	30～50

1. 吸收塔入口烟气条件的影响

（1）烟气流量。在其他条件不变的情况下，吸收塔入口烟气流量增大，脱硫效率会降低；吸收塔入口烟气流量降低，脱硫效率会提高。烟气流量影响脱硫效率的主要原因是吸收剂与烟气的接触时间变化引起的。

（2）烟气温度。根据 SO_2 吸收化学反应原理，低温利于吸收、高温利于解析。吸收塔原烟气温度的降低，利于 SO_2 的吸收，提高脱硫效率。

（3）烟气流速。在其他条件一定，烟气流速增大可增强气液间的湍动、减小液膜厚度、提高传质效率。对于逆流塔，有助于提高吸收区液滴密度及停留时间，单位时间内持液量增大，提高了传质系数，提高脱硫效率。而烟气流速的提高，一是会降低烟气停留时间，二是会降低除雾器除雾效果，净烟气中烟气液滴含量及携浆增大，三是会增加引风机或增压风机能耗。

（4）烟气 SO_2 浓度。一般认为，烟气中 SO_2 浓度的增加，有利于 SO_2 通过浆液表面向浆液内部扩散，加快反应速度，脱硫效率随之提高。

（5）烟气 O_2 浓度。在吸收剂与 SO_2 的反应过程中，O_2 参与化学过程，即将 HSO_3^- 氧化成 SO_4^{2-}。在其他条件一定，烟气中 O_2 的提高使吸收浆液中 O_2 含量增大，加快了 $SO_2+H_2O \rightarrow HSO_3^- \rightarrow SO_4^{2-}$ 的正向反应过程，利于 SO_2 的吸收，提高脱硫效率，同时将亚硫酸盐氧化成石膏，提高石膏品质。

（6）烟气粉尘浓度。在脱硫过程中，烟气中绝大部分的粉尘会进入脱硫浆液当中，阻碍石灰石的溶解，降低石灰石的消融速率，导致 pH 值降低，影响脱硫效率下降。

2. 石灰石纯度和活性的影响

(1) 石灰石纯度和活性。石灰石-石膏湿法烟气脱硫用石灰石，主要成分是碳酸钙（$CaCO_3$），其纯度会影响脱硫效率及石膏纯度。石灰石中的杂质会阻碍石灰石颗粒的消溶，当吸收塔 pH 值降至 5.1 时，石灰石粉中 Mg、Al 等杂质会与烟气中的 F^- 与 Al^{3+} 化合成 F-A 复合体，形成包膜覆盖在石灰石颗粒表面，造成石灰石的活性降低，降低石灰石的利用率，同时 Mg^{2+} 对包膜的形成有很强的促进作用。另外，杂质中的 $MgCO_3$、Fe_2O_3、Al_2O_3 在循环浆液中生成易溶的镁铁、铝盐类并不断富集，循环浆液中大量增加的 Ca^{2+} 会弱化 $CaCO_3$ 的溶解和电离，从而影响脱硫效率。大量杂质的存在，会增加设备的磨损、腐蚀，造成磨制系统能耗升高及石膏品质的降低。因此，石灰石品质越高，其消溶性能越好、活性越高，浆液吸收 SO_2 等相关反应速率越快，利于石灰石利用率和脱硫效率的提高。石灰石活性的测定方法可参见《烟气湿法脱硫用石灰石粉反应速率的测定》(DL/T 943—2005)。

(2) 石灰石粉粒度。由于石灰石的消溶反应是固-液两相反应，其反应速率与石灰石粉颗粒比表面积成正比，石灰石粉颗粒度越小，质量比表面积就越大，越利于石灰石粉的溶解电离，提高吸收反应速率，利于 SO_2 的吸收，提高石灰石的利用率，有助于获得高品质的石膏。一般要求石灰石粉通过 325 目筛（$44\mu m$）的过筛率达到 90%以上。

3. 运行参数的影响

(1) 浆液 pH 值。pH 值是影响脱硫效率、亚硫酸盐氧化率、吸收剂利用率及系统结垢的主要因素之一。pH 值升高，总传质系数随之提高，SO_2 的吸收速率加快，有利于碱性溶液与酸性气体之间的化学反应，利于 SO_2 的脱除。同时抑制亚硫酸钙的氧化和石灰石的溶解，降低石灰石的利用率。在 pH 值较高时，脱硫产物主要是 $CaSO_3 \cdot 1/2H_2O$，其溶解度较低，极易达到过饱和在塔壁和部件表面结垢。浆液 pH 值低利于亚硫酸钙的氧化及石灰石的溶解，提高石灰石的利用率，但会抑制 SO_2 的吸收，脱硫效率大幅降低，当 pH 值降到 4.0 以下时，几乎不会吸收 SO_2。浆液 pH 值不仅影响 SO_2 的吸收，而且影响石灰石、$CaSO_3 \cdot 1/2H_2O$ 和 $CaSO_4 \cdot 2H_2O$ 的溶解度，随着 pH 值的升高，$CaSO_3 \cdot 1/2H_2O$ 的溶解度下降，$CaSO_4 \cdot 2H_2O$ 的溶解度增加，但增加的幅度较小。

(2) 浆液过饱和度。石灰石浆液吸收 SO_2 后生产 $CaSO_3$ 和 $CaSO_4$。石膏结晶速度依赖于石膏的过饱和度，当石膏浆液超过某一相对过饱和度时，石膏晶体就会在石膏浆液中已存在的石膏晶体上生长。当相对过饱和度达到某一值时，就会形成晶核，同时石膏晶体还会在其他物质表面生长，导致吸收塔浆液池塔壁表面结垢，与此同时，还会覆盖未及时反应的石灰石颗粒表面，造成石灰石屏蔽，导致石灰石利用率和脱硫效率降低。正常运行的脱硫石膏浆液过饱和度一般应控制在 120%～130%。

(3) 浆液停留时间。吸收塔循环浆液池的体积与石膏排出泵流量的比值，单位 h。浆液停留时间延长有利于提高石灰石的溶解，提高石灰石的利用率和石膏纯度，但停留时间过长时，浆液循环泵和搅拌器对石膏晶体有破碎作用，不利于石膏的脱除，且由于密度的升高，大幅增加系统能耗。

(4) 钙硫摩尔比。在石灰石-石膏湿法烟气脱硫中，钙硫摩尔比（Ca/S）指加入脱硫系统的 $CaCO_3$ 的摩尔数与吸收塔烟气中 SO_2 的摩尔数之比。在保持液气比不变的情况下，钙硫比增大，注入吸收塔内吸收剂的量相应增大，浆液 pH 值升高，增大中和反应速率，增加反应的表面积，提高 SO_2 吸收量脱硫效率提高。但由于石灰石的溶解度较低，其供给量的增加导致浆液浓度升高，会引起石灰石的过饱和凝聚，最终使反应的表面积减小，脱硫效率降低。对于石灰石-石膏湿法烟气脱硫，吸收塔的浆液浓度一般为 10%～15%，也有的高达 20%～30%，Ca/S 为 1.02～1.05。

(5) 液气比（L/G）。脱硫装置处理单位体积烟气所需吸收液的体积，即循环浆液量与烟气处理量的比值，单位 L/m^3。在其他条件一定，液气比升高，相当于增大了吸收塔内吸收液喷淋密度、气液传质表面积、吸收液的碱度，传质单元系数随之提高，脱硫效率也随之升高。同时，增加浆液循环喷淋量，促进混合浆液中的 HSO_3^- 氧化成 SO_4^{2-}，利于石膏的形成。

(6) 氯离子（Cl^-）含量。在脱硫系统中，Cl^- 是引起金属腐蚀和应力腐蚀的重要原因，氯离子还能抑制吸收塔内的化学反应，改变 pH 值，降低 SO_2 去除率。氯离子的大量存在，还会增加石灰石的消耗，同时又抑制石灰石的溶解，进而影响石膏的品质。Cl^- 含量增加会引起石膏脱水困难，使其含水量大于 10%。

（五）存在的主要问题

石灰石-石膏湿法烟气脱硫技术，由于其工艺特性，以及受燃煤品质、火电厂除尘系统效率、石灰石杂质、工艺水品质以及废水排放量的影响，往往会出现吸收塔石膏浆液中酸不溶物及氯含量升高，导致石膏浆液品质恶化、吸收塔石膏浆液密度升高，造成石膏脱水困难、石膏品质降低、脱硫废水处理难度增大，加快设备的磨损、腐蚀。

二、烟气循环流化床脱硫技术

（一）工艺技术特点

烟气循环流化床脱硫技术是以循环流化床原理为基础的烟气脱硫技术，通过吸收剂在反应器内的多次循环，延长吸收剂与烟气的接触时间，以达到高效脱硫的目的，同时还能大幅提高吸收剂的利用率。烟气循环流化床脱硫技术，脱硫剂和副产物均为干态，不产生脱硫废水，不发生结垢及腐蚀。整套系统工艺流程简单、占地面积小、能源消耗少、排烟无须再热、烟囱无须特殊防腐，副产物为干态，不会造成二次污染。适用于中低硫煤或有炉内脱硫的循环流化床机组，脱硫效率可达 90%以上，特别适合缺水地区。脱硫系统启停方便，可在机组 30%负荷时投运，负荷跟踪特性好，对基本负荷和调峰机组具有很好的适用性。

在空气预热器和除尘器之间安装循环流化床系统，经预除尘器系统除尘后，烟气从流化床反应器下部通过文丘里式布风装置进入反应器，在反应器下部渐扩段有干态消石灰 $Ca(OH)_2$ 喷口，消石灰由此喷口喷入反应器，在此高温烟气与加入的吸收剂、循环脱硫灰充分预混合，进行初步的脱硫反应，通过底部文丘里管的加速，吸收剂、循环脱硫灰受到气流冲击作用而悬浮起来，形成流化床，进行充分的脱硫反应。在此区域内，流体处于激烈的湍动状态，循环流化床内的 Ca/S 比值可达 40～50，颗粒与烟气之间具有较大的滑落速度，颗粒反应界面不断摩擦、碰撞更新，极大地强化了脱硫反应的传质与传热。在文丘里出口扩管段设一套增湿水装置，喷入的雾化水一是增湿颗粒表面，二是使烟温降至高于烟气露点温度 20℃左右，提供良好的脱硫反应温度，吸收剂在此与 SO_2 充分反应，生成 $CaSO_3 \cdot 1/2H_2O$、$CaSO_4 \cdot 1/2H_2O$ 等产物。这些干态的反应产物随烟气从反应器上部的出口进入百叶窗式分离器及与之相联系的除尘器，从百叶窗式分离器及电除尘器下收集的干灰，一部分送回循环流化床反应器的再循环灰入口，另一部分排灰则送至灰厂储存。循环流化床烟气脱硫主要工艺系统包括：烟气系统、预除尘器系统、吸收塔系统、脱硫除尘器系统、吸收剂制备及供应系统、灰循环系统、工艺水系统、压缩空气系统、副产物输送系统化等。典型循环流化床烟气脱硫工艺流程见图 1-4。

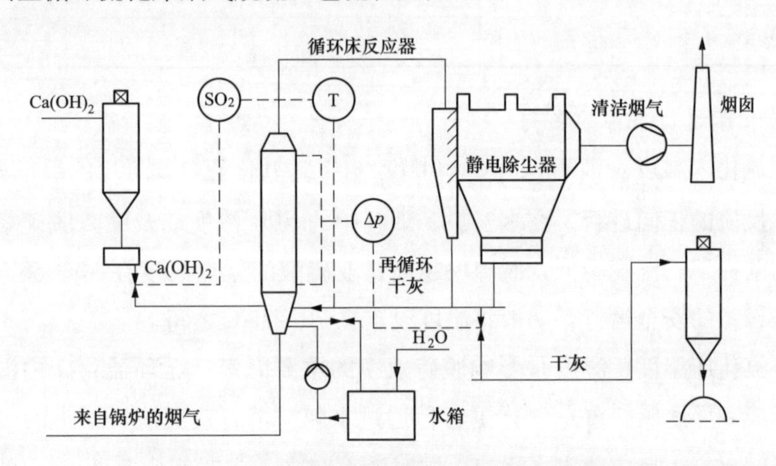

图 1-4 典型循环流化床烟气脱硫工艺流程图

（二）技术原理

循环流化床烟气脱硫技术（circulating fluidized bed flue gas desulfurization，CFB FGD），采用消石灰或生石灰作为脱硫剂。在反应器内烟气与消石灰颗粒充分混合，SO_2、SO_3 及其他有害气体等与消石灰发生反应，生成 $CaSO_3 \cdot 1/2/H_2O$、$CaSO_4 \cdot 1/2H_2O$ 等。其化学反应过程如下：

$$Ca(OH)_2 + SO_2 \longrightarrow CaSO_3 \cdot 1/2H_2O + 1/2H_2O$$

$$Ca(OH)_2 + SO_3 \longrightarrow CaSO_4 \cdot 1/2H_2O + 1/2H_2O$$

$$CaSO_3 \cdot 1/2H_2O + 1/2O_2 \longrightarrow CaSO_4 \cdot 1/2H_2O$$

（三）主要技术参数及影响

循环流化床烟气脱硫是利用物料再循环，提高脱硫剂湿度的方式，增加脱硫剂与烟气中 SO_2 的接触及反应时间，其脱硫效率主要受循环流化床的运行条件（温度、湿度、压力）、脱硫剂品质（粒度、pH 值）、钙硫比、循环倍率的影响。循环流化床烟气脱硫主要工艺参数范围见表 1-2。

表 1-2　　循环流化床烟气脱硫主要工艺参数范围

项目	单位	工艺参数		
入口烟气温度	℃	≥100		
运行烟气温度	℃	高于烟气露点温度 15～25 之间		
钙硫摩尔比	mol/mol	1.2～1.8（循环流化床锅炉炉外部分）		
吸收塔烟气流速	m/s	4～6		
入口烟气 SO_2 浓度	mg/m^3	≤3000	≤2000	≤1500
袋式除尘器过滤风速	m/min	0.8～0.9	0.7～0.8	≤0.7
出口烟气 SO_2 浓度	mg/m^3	≤100	≤50	≤35
出口颗粒物浓度	mg/m^3	≤30	≤20	≤10 或≤15

1. 循环流化床运行条件的影响

（1）循环流化床温度。消石灰［$Ca(OH)_2$］与二氧化硫（SO_2）的反应是放热反应，温度高不利于反应的正向进行。在烟气量、烟气中的 SO_2 浓度以及喷入脱硫塔内的消石灰等基本恒定的前提下，温度越低，脱硫率越高。亚硫酸的露点温度在 50～55℃之间，为避免酸腐蚀保证设备的安全运行，一般将温度设定在 70～75℃之间。

（2）循环流化床湿度。湿度是影响脱硫效率的重要因素，循环流化床内湿度增大，消石灰表面会形成一层水膜，SO_2 气体更容易透过水膜与消石灰反应，原来的气固间反应变成了液相离子间反应，反应速率会很快，同时消石灰在一定时间内吸收 SO_2 的能力也会增加，脱硫效率随着湿度的增大而增大。当湿度增大到一定值以后，消石灰表面水膜厚度太大时 SO_2 进入水膜的阻力会加大，脱硫率几乎不再随着湿度的增大而变化。同时，湿度太大时，会造成循环流化床内脱硫灰挂壁、板结，影响流化效果，甚至造成堵塞，还会造成电除尘、布袋除尘器黏结，也不利于灰的收集输送。

（3）循环流化床压力。即循环流化床反应器入口与出口之间的压差。流化床压力低，烟气和吸收剂不能充分有效接触，流化床压力过高，易造成“塌床”，均会影响脱硫效率。合理控制床压，一是保证气固充分接触反应、传质加快，二是颗粒物碰撞、磨蚀，不断去除颗粒物表面的反应产物，暴露出新鲜的吸收剂表面。

2. 脱硫剂品质的影响

(1) 脱硫剂粒度。脱硫剂的粒度过大或过小，均不利于提高脱硫效率，且会降低脱硫剂的利用率。脱硫剂颗粒度过大，反应比表面积小，反应时间相对增加，脱硫剂颗粒外部参与反应而内部无法参与反应。脱硫剂颗粒度过小，反应比表面积大，反应时间相对减小，而过小的颗粒往往未来得及参与反应就被吹出反应塔。

(2) 脱硫剂 pH 值。脱硫剂 pH 值低，利于表层脱硫剂的溶解，但碱度低，脱硫效率低。脱硫剂 pH 高，利于 SO_2 的吸收反应，但 pH 值过高反应物易生成 $CaCO_3$，造成脱硫剂的浪费。

3. 钙硫比的影响

钙硫比是影响脱硫效率的首要因素，也是衡量石灰石利用率的重要指标。随着钙硫比的增加，脱硫反应迅速，利于 SO_2 的脱除，脱硫效率也会快速增加，但同时也增加飞灰中石灰石的含量，降低脱硫剂的利用率。

4. 循环倍率的影响

循环倍率越大，回到炉膛的石灰石量越多，相当于延长石灰石在炉内的停留时间，提高脱硫剂的利用率。同时，提高循环倍率，可提高炉膛内悬浮物料浓度，增加石灰石和 SO_2 接触的总气固面积，从而提高脱硫效率。

(四) 存在的主要问题

循环流化床烟气脱硫技术由于其工艺特性，存在可靠性差，在运行过程中时常发生塌床、湿壁、堵塞、磨损等问题，由于脱硫副产物与粉煤灰混合，影响副产品的品质及综合利用。

三、海水烟气脱硫技术

(一) 工艺技术特点

海水烟气脱硫技术是以海水中的自然碱性物质作为吸收剂，洗涤烟气后的海水经曝气等处理后生成硫酸盐，同海水一起排回海域，无须处置脱硫副产物，不产生脱硫废水，系统简单、运行费用低、脱硫效率高。因为海水对 SO_2 的吸收容量小，适用于中低硫煤，且有较好海域扩散条件的滨海燃煤电厂，并需满足近岸海域环境功能区划要求。海水烟气脱硫技术存在排水 pH 值要求高、曝气池占地面积大，对设备腐蚀严重，对使用设备材料要求较高的缺点。

海水烟气脱硫工艺与石灰石-石膏湿法烟气脱硫工艺类似。来自锅炉引风机出口的烟气经原烟道从吸收塔中部进入，与吸收塔上部雾化成细小的海水液滴自上而下的逆流接触后回落到吸收塔，完成烟气中 SO_2 的脱除，经洗涤后的烟气经除雾器除去烟气中夹带的液滴后，通过净烟道经烟囱排入大气中。烟气中的 SO_2 被循环海水吸收后，产生 SO_3^{2-} 和 H^+，SO_3^{2-} 不稳定、容易分解，H^+ 显酸性，海水中 H^+ 浓度的增加，导致海水 pH 值下降成为酸性海水。吸收塔循环池中一部分海水与新鲜海水及空气被送入曝气池中完成脱硫的中和反应和曝气处理，将 SO_3^{2-} 氧化为稳定的 SO_4^{2-}，同时大量的空气还加速 CO_2 气体的生产释放，有利于中和反应，使海水中溶解氧达到接近饱和水平，利用海水中的 CO_3^{2-} 和 HCO_3^- 中和吸收塔排出的 H^+，并使海水的 pH 值与化学需氧量调整达标后排入大海。

海水脱硫系统主要有烟气系统、SO_2 吸收系统、海水供应系统、海水水质恢复系统（曝气系统）、电气及热工控制系统等。典型的海水脱硫工艺流程见图 1-5。

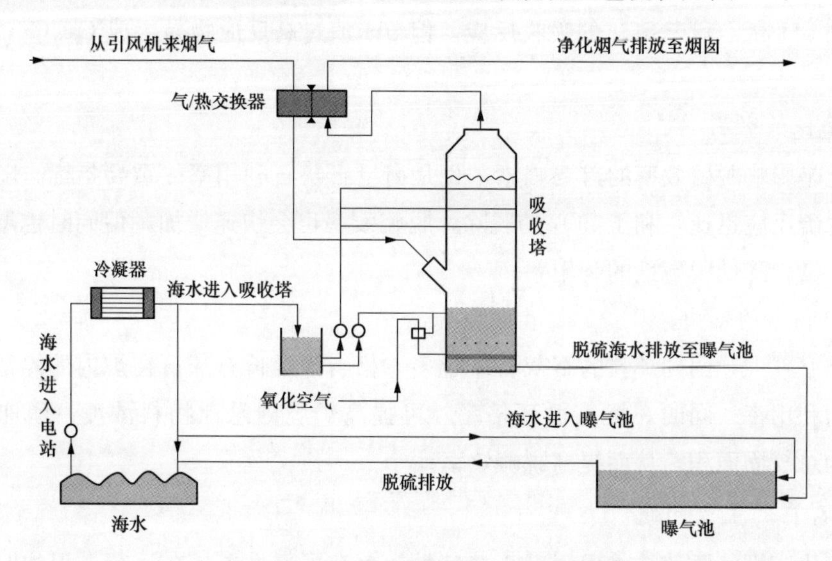

图 1-5　典型的海水脱硫工艺流程图

（二）技术原理

海水烟气脱硫是以纯海水为吸收剂的一种脱硫工艺。自然界海水呈碱性，pH 值为 7.6～8.5，一般含盐分 3.5%，其中碳酸盐占 0.34%，硫酸盐占 10.8%，氯化物占 88.5%，其他盐分占 0.36%，海水不断与海底和河流输送的可溶性的碱性沉淀物来维持海水中碳酸盐的平衡，对酸性气体如 SO_2 具有很强的吸收中和能力，其反应式如下：

1. 气相 SO_2 在吸收塔被液相吸收

$$SO_2(g) \longrightarrow SO_2(l)$$

$$SO_2(l) + H_2O \longrightarrow HSO_3^- + H^+$$

$$HSO_3^- \longrightarrow SO_3^{2-} + H^+$$

$$SO_3^{2-} + 1/2O_2(g) \longrightarrow SO_4^{2-}$$

2. 在曝气池中被中和曝气

$$SO_3^{2-} + 1/2O_2(g) \longrightarrow SO_4^{2-}$$

$$CO_3^{2-} + H^+ \longrightarrow HCO_3^-$$

$$HCO_3^- + H^+ \longrightarrow CO_2(l) + H^+$$

$$CO_2(l) \longrightarrow CO_2(g)$$

3. 总化学反应式

$$SO_2 + H_2O + 1/2O_2 \longrightarrow SO_4^{2-} + 2H^+$$

$$HCO_3^- + H^+ \longrightarrow CO_2 + H_2O$$

（三）影响效率的主要因素

海水法脱硫效率主要受烟气条件、液气比（L/G）、海水性质等多种因素影响。海水烟气脱硫主要工艺参数范围见表 1-3。

表 1-3　　海水烟气脱硫主要工艺参数范围

项目	单位	工艺参数
入口烟气温度	℃	≤140（100～120 较好）
吸收塔运行温度	℃	50～60
空塔烟气流速	m/s	3～3.5
喷淋层数	层	3～6
液气比	L/m^3	5～25
系统阻力	Pa	<2500
脱硫效率	%	95～99
入口烟气 SO_2 浓度	mg/m^3	<2000
出口烟气 SO_2 浓度	mg/m^3	达标或超低排放
入口烟气粉尘浓度	mg/m^3	30～50

1. 烟气条件的影响

（1）烟气温度。根据 SO_2 吸收化学反应原理，低温利于吸收、高温利于解析。原烟气温度的降低，利于 SO_2 的吸收，提高脱硫效率。

（2）烟气流速。在其他条件一定，烟气流速增大可增强气液间的湍动、减小液膜厚度、提高传质效率。对于逆流塔，有助于提高吸收区液滴密度及停留时间，单位时间内持液量增大，提高了传质系数，提高脱硫效率。

2. 液气比 L/G 的影响

脱硫装置处理单位体积烟气所需吸收液的体积，即循环浆液量与烟气处理量的比值，单位 L/m^3。在其他条件一定，液气比升高，相当于增大吸收塔内吸收液喷淋密度、气液传质表面积、吸收液的碱度，传质单元系数随之提高，脱硫效率升高。同时，增加浆液循环喷淋量，促进混合浆液中的 HSO_3^- 氧化成 SO_4^{2}，利于石膏的形成。

3. 海水性质的影响

海水对 SO_2 的吸收量主要与海水的 pH 值、含盐量、温度等有关，pH 值、含盐量越高，海水吸收 SO_2 的能力越大，温度越低海水溶硫能力越强，脱硫效率就越高。

（四）存在的主要问题

海水烟气脱硫使用天然海水作为脱硫剂，海水中含有大量的海水生物，运行中频繁堵塞设备，同时对设备腐蚀较为严重，检修维护量相对较大。脱硫后的海水排回大海，对周边海域生态环境的影响尚不明确。

四、氨法烟气脱硫技术

（一）工艺技术特点

氨法脱硫是以一定浓度的氨水吸收烟气中的 SO_2，是气-液反应，反应速率高、反应完全、吸收剂利用率高、可在较小的液气比条件下，实现较高的脱硫效率，脱硫效率可达95%以上。相对石灰石-石膏湿法烟气脱硫工艺而言，系统设备简单、能耗低，副产品硫酸铵是较好的化肥原料，有较高的经济价值。氨法脱硫对燃煤含硫量适应性广，适用于周边有稳定氨源，非人员密集区域，容量为300MW以下的燃煤电厂。氨法脱硫运行成本较高，存在化学腐蚀、结晶腐蚀和冲刷腐蚀，排放烟囱易发生烟气拖尾现象，受氨逃逸的影响，过量的氨与烟气中的 SO_2 二次反应产生气溶胶。

氨法脱硫多是采用20%～30%浓度的氨水做吸收剂，烟气经洗涤、降温后，在吸收塔中烟气与自上而下的喷淋浆液逆流接触反应，烟气中的 SO_2 与 NH_3 反应生成 $(NH_4)_2SO_3$ 落入循环浆液池中，氧化空气经氧化喷枪注入循环浆液池，并通过搅拌器均匀搅拌，对中间产物进行强制氧化生成脱硫副产品硫酸铵[$(NH_4)_2SO_4$]。循环浆液池经浓缩泵循环喷淋，反复蒸发浓缩，最后形成固含量10%～20%的硫铵溶液，经旋流器进行浓缩，得到底流固含量为40%左右的硫铵溶液，经离心机及干燥机处理后得到含水率在1.0%以下的成品硫酸铵。经吸收剂洗涤脱硫后的净烟气，通过除雾器除去大部分水后排入大气。氨法脱硫系统主要有烟气系统、SO_2 吸收系统、液氨储存及蒸发系统、硫铵结晶脱水系统、旋转喷雾干燥系统、工艺水系统、电气及热工控制系统。典型的氨法烟气脱硫工艺流程见图1-6。

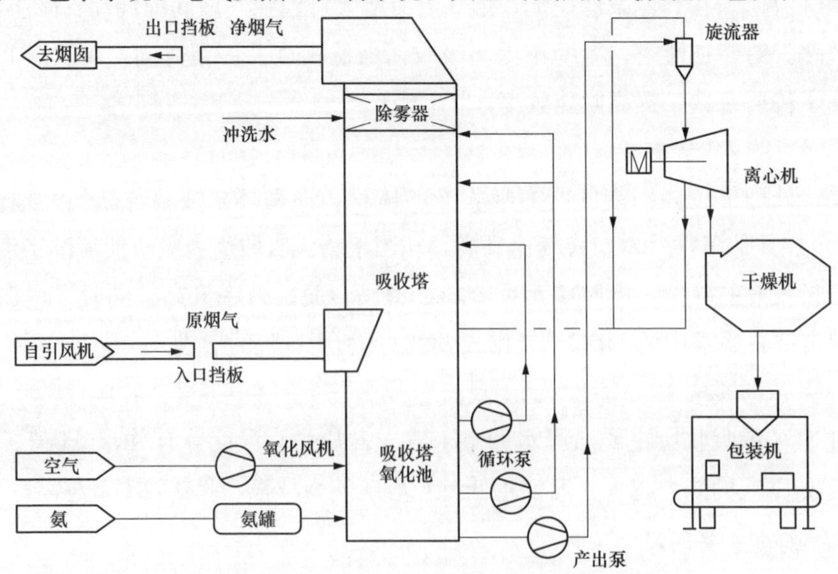

图1-6　典型的氨法烟气脱硫工艺流程图

（二）技术原理

在脱疏塔的吸收段，氨水与烟气中的 SO_2 发生化学反应，生成亚硫酸铵溶液。在烟气吸收过程中形成的亚硫酸铵［$(NH_4)_2SO_3$］，需进一步氧化为硫酸铵［$(NH_4)_2SO_4$］才是最终的副产品。氨法烟气脱硫工艺主要化学反应式如下：

吸收反应为：

$$SO_2 + NH_3 + H_2O \longrightarrow NH_4HSO_3$$

$$SO_2 + 2NH_3 + H_2O \longrightarrow (NH_4)_2SO_3$$

$$SO_2 + (NH_4)_2SO_3 + H_2O \longrightarrow 2NH_4HSO_3$$

$$NH_3 + NH_4HSO_3 \longrightarrow (NH_4)_2SO_3$$

氧化反应为： $2(NH_4)_2SO_3 + O_2 \longrightarrow 2(NH_4)_2SO_4$

（三）主要技术参数及影响

氨法烟气脱硫效率主要受 pH 值、烟气停留时间、液气比 L/G 等多种因素影响，氨法烟气脱硫技术，由于受其工艺特性以及燃煤品质、火电厂除尘系统效率、浆液中氟和氯离子等参数影响，随着长周期运行往往会出现吸收塔硫酸铵浆液中酸不溶物及氟和氯离子含量逐渐升高现象，导致硫酸铵结晶困难、浆液品质恶化、吸收塔浆液密度升高等问题，造成离心机中硫酸铵出料困难、品质降低，也加快设备的磨损、腐蚀。氨法烟气脱硫主要工艺参数范围见表 1-4。

表 1-4　　氨法烟气脱硫主要工艺参数范围

项目	单位	工艺参数	
入口烟气温度	℃	≤140（100～120 较好）	
吸收塔运行温度	℃	50～60	
空塔烟气流速	m/s	3～3.5	
喷淋层数	层	3～6	
浆液 pH 值	—	4.5～6.5	
出口氨逃逸	mg/m^3	＜2	
系统阻力	Pa	＜1800	
硫酸铵的氮含量	%	＞20.5	
脱硫效率	%	95～99.7	
入口烟气 SO_2 浓度	mg/m^3	≤12000	≤10000
出口烟气 SO_2 浓度	mg/m^3	达标排放	超低排放
入口烟气粉尘浓度	mg/m^3	＜35	
出口颗粒物浓度	mg/m^3	达标或超低排放	
脱硫剂纯度（液氨）	%	≥95	
氨硫比（NH_3/SO_2）	—	0.53/1	
液氨/硫铵产出比	—	1/3.5	

1. pH 值的影响

循环浆液 pH 值对脱硫效率影响较大。$(NH_4)_2SO_3$ 浓度随循环浆液 pH 值的增大而增大，有利于反应式的化学平衡向右进行，提高脱硫效率。在其他条件不变的情况下，当循环浆液中的 $(NH_4)_2SO_3$ 浓度达到一定程度后，再提高循环浆液 pH 值对脱硫效率影响不明显，同时由于 $(NH_4)_2SO_3$ 的不稳定性，会增加氨的逃逸率。

2. 烟气停留时间的影响

烟气停留时间对脱硫效率影响较小，增加烟气停留时间，可以使塔内气液接触反应更充分，提高脱硫效率。当烟气量一定时，停留时间的增大意味着塔内烟气流速的降低，从而降低气液湍动，导致脱硫效率降低。

3. 液气比（L/G）的影响

液气比主要影响气液传质比表面积。液气比增大，提高了气液两相传质比表面积及湍动力，脱硫效率随之增大。液气比减小，脱硫效率随之降低。

（四）存在的主要问题

氨法烟气脱硫技术是采用氨水作为脱硫剂，在脱硫反应过程中随着温度的升高转变为气氨，并同脱硫烟气一起从烟囱排出，形成氨逃逸。随着循环浆液 pH 值的提高，氨逃逸量也不断增加，当 pH 值超过 7 以后，氨的逃逸量就会超过相关标准，同时循环浆液 pH 值则直接影响脱硫效率。因此，氨逃逸是影响氨法烟气脱硫技术经济性、环保合规性的主要问题。

第二节　烟气脱硝技术

火力发电厂产生的 NO_x，主要是燃料在燃烧过程中产生的，其中一部分是由燃料中的含氮化物在燃烧过程中氧化而成，称燃料型 NO_x，另外一部分是空气中的氮高温氧化产生，即热力型 NO_x，还有极小一部分是在火焰前沿燃烧的早期阶段，由碳氢化合物与氮通过中间产物 HCN、CN 转化而成的 NO_x 简称瞬态型 NO_x。一般意义上的氮氧化物（NO_x）包括 N_2O、NO、NO_2、N_2O_3、N_2O_4、N_2O_5 等，但对大气造成污染的主要是 NO、NO_2 和 N_2O。燃烧过程中产生的氮氧化物主要是 NO 和 NO_2。

火力发电厂烟气脱硝技术主要针对 NO 开展，烟气脱硝技术主要分为选择性催化还原技术（SCR）、选择性非催化还原技术（SNCR）及 SNCR-SCR 联合脱硝工艺技术，根据脱硝效率及投资成本的考虑，一般采用锅炉低氮燃烧技术（LNB）配合烟气脱硝技术来实现 NO_x 的达标排放及超低排放。

一、SCR 脱硝技术

（一）工艺技术特点

SCR 脱硝工艺是国际上应用最多，技术最为成熟的一种烟气脱硝工艺。由于 SCR 脱硝催化剂对反应温度有要求，一般SCR布置在锅炉省煤器和空气预热器之间。SCR脱硝效率较高，可达90%以上，工艺设备紧凑，运行可靠，该技术适用于新建、扩建的燃煤锅炉，对煤质变化，机组负荷波动等具有较强适用性。

SCR脱硝催化剂按使用温度范围可分成高温、中温和低温三类。高温工作温度大于400℃，中温在300～420℃之间，低温小于300℃。低温催化剂主要为活性炭/焦催化剂（100～150℃）和贵金属催化剂（180～290℃）；中温催化剂主要是金属氧化物催化剂，包括氧化钛基催化剂（320～420℃）及氧化铁基催化剂（380～430℃）。

SCR烟气脱硝系统包括烟气系统、SCR催化反应系统、还原剂储存和制备系统、蒸汽和压缩空气供给系统、废水排放系统。催化剂布置在SCR反应器内，烟气为竖直向下流经催化剂。烟气中的氮氧化物与空气/氨气混合器通过喷氨格栅喷入烟道氨气均匀混合后，在催化剂的催化作用下，发生还原反应，生成无毒害的氮气和水，无二次污染。SCR烟气脱硝工艺流程见图1-7。

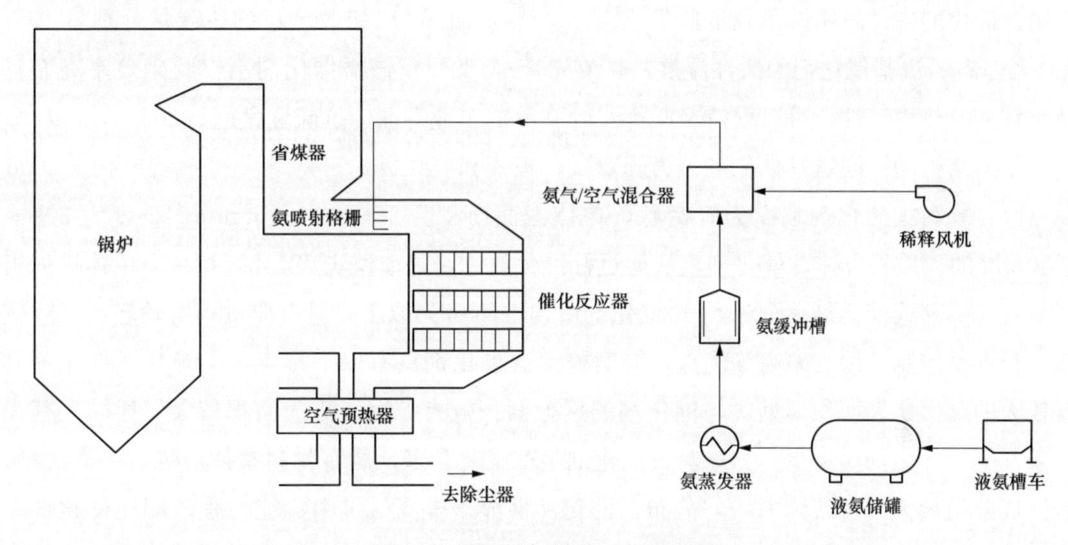

图1-7 SCR烟气脱硝工艺流程图

（二）技术原理

选择性催化剂还原脱硝原理是在一定的温度和催化剂的作用下，还原剂有选择地把烟气中的NO_x还原为无毒、无污染N_2和H_2O。还原剂可以是碳氢化合物（如甲烷、丙烯、氨、尿素）等，工业应用的还原剂主要是氨和尿素两种。SCR化学反应原理见图1-8。

（三）SCR脱硝催化剂

催化剂是燃煤电厂SCR装置中的主要部件，合理地选择催化剂直接关系到烟气的脱硝效率。目前在燃煤电厂，烟气脱硝催化剂主要采用金属氧化物催化剂，其主要以TiO_2为载体，活性成分主要是V_2O_5、V_2O_5-WO_3、V_2O_5-MoO_3，其中，TiO_2具有较高的活性和抗SO_2性能；V_2O_5是最重要的催化活性成分，但同时也促进SO_2向SO_3的转化。活性材料

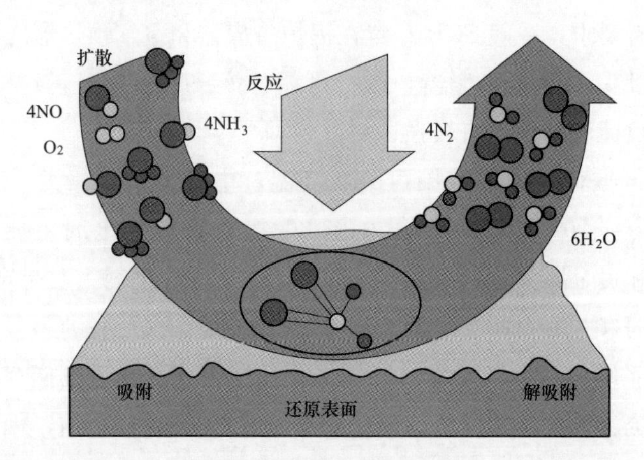

图 1-8　SCR 化学反应原理图

WO_3 有助于抑制 SO_2 的转化，其他活性材料如 Mo、Cr 等，可能起到助催化剂及稳定剂的作用。催化剂中一般钒的负载量低于 1%～1.5%，而 WO_3 和 MoO_3 的负载量分别为 10% 和 6%左右。钒基催化剂的活性温度一般在 300～420℃，该类催化剂不仅脱硝效率高而且具有较强的热稳定性，可以维持 20000～25000h 的工业寿命，抗硫性良好。

根据结构的不同钒基催化剂分为蜂窝式、板式和波纹板式三类。

（1）蜂窝式催化剂端面为蜂窝状，单体截面面积为 150mm×150mm，长度为 300～1350mm 的均质长方体。催化剂模块通过标准化设计，每个模块 72（6×12）个单体排列组合。目前蜂窝式催化剂在全球 SCR 催化剂市场占额 60%以上，具有质量相对较轻、压降较低、长度易控制、回收率高等优点。同时蜂窝式催化剂具有以下特点：①蜂窝式催化剂具有较大的几何比表面积，烟气与催化剂的接触面积较大，烟气流通面积较大，相同工程设计条件下，催化剂用量少；②蜂窝式催化剂生产工艺合理，所有物料整体混炼，一次成型，活性成分用量大且在载体中均匀分布，催化活性显著提高，抗中毒能力强，即便催化剂表面发生磨损也不会损失活性；③蜂窝式催化剂整体为陶瓷均质材料，热传导系数显著低于金属基材，并且催化剂本体不存在热胀差异，因而具有较强的耐热性，能较好地适应机组负荷变动时的温度波动；④蜂窝式催化剂具有优异的烟气流场分布，烟气流通时的压降较小；⑤相同的工况条件和相同的用量时，蜂窝式催化剂更换周期较长。

（2）板式催化剂单元由数十片原件组成，单元截面面积为 464mm×464mm，高度一般为 500～850mm，再由催化剂单元组成催化剂模块。催化剂模块由 16（4mm×2mm×2mm）个单元构成。在全球市场板式催化剂占额约 30%。由于板式催化剂是将活性材料附着在金属骨架上，板与板之间的空隙较大，阻力小，但是比表面积小，相同工程设计条件下，需要的量相对较大。

（3）波纹式催化剂由直板和波纹板交替叠加组成，截面面积为 466mm×466mm，高度为 300～600mm。催化剂模块是在长宽高方向上由 4×2×2 共 16 个单元构成。一般采用陶瓷板或者玻璃纤维浸渍烧结成形。波纹催化剂具有压力降低、流体分布均匀、传质效率高等优点。三种类型催化剂对比情况见表 1-5。蜂窝催化剂的理化性能指标见表 1-6。平板式催化剂的理化性能指标见表 1-7。

表 1-5　三种类型催化剂对比情况

序号	催化剂结构	蜂窝催化剂	板式催化剂	波纹板式催化剂
1	基材	TiO_2、整体挤压	金属板	玻璃纤维板、陶瓷
2	活性	良	良	一般
3	抗阻塞性	一般	优	一般
4	抗飞灰磨耗性	一般	优	一般
5	压差	良	良	良
6	体积	良	一般	优
7	使用寿命	良	良	良
8	标准状态下适用飞灰范围（g/m^3）	≤50	<80	<15
9	图片			

表 1-6　蜂窝催化剂的理化性能指标

项目		指标	允许偏差
抗压强度（MPa）	轴向抗压强度	≥2.0	—
	径向抗压强度	≥0.4	—
磨损率（%/kg）	硬化端磨损率	≤0.1	—
	非硬化端磨损率	≥0.15	—
比表面积（m^2/g）		≥40	—
孔容（mL/g）		≥0.25	—
二氧化钛的质量分数（%）		≥75	—
五氧化二钒的质量分数（%）		≤0.5	±0.08
		0.5～1.0	±0.1
		1.0～2.0	±0.15
		≥2.0	±0.3

注　资料来源《蜂窝式烟气脱硝催化剂》（GB/T 31587—2015）。

表 1-7　　平板式催化剂的理化性能指标

项目	指标	允许偏差
耐磨强度（mg/100r）	≤130	—
比表面积（m^3/g）	≥60	—
孔容（mL/g）	≥0.25	—
二氧化钛的质量分数（%）	≥75	—
五氧化二钒的质量分数（%）	≤0.5	±0.08
	0.5～1.0	±0.1
	1.0～2.0	±0.15
	≥2.0	±0.3

（四）还原剂的选择

目前，常用的还原剂有液氨、氨水和尿素三种，还原剂的选择是影响 SCR 脱硝效率的主要因素之一。

1. 液氨

液氨由专用的密闭液氨槽车进行运输，通过卸载臂及压缩机将液氨输送至液氨储存罐进行存储，液氨储罐输出的液氨在液氨蒸发器蒸发成氨气，送至氨气缓冲罐备用。缓冲罐的氨气经氨气调压阀减压后，送入各机组的氨气/空气混合器中，与来自稀释风机的空气充分混合后，通过喷氨格栅喷入烟气中，与烟气混合后进入 SCR 催化反应器。虽然液氨法具有投资及运行成本低的特点，但由于液氨属于危险化学品，其临界量达到 10t 后构成重大危险源，存在较大安全隐患。同时国家能源局在 2022 年下发《电力行业危险化学品安全风险集中治理方案》中要求，燃煤发电企业烟气脱硝还原剂采用液氨并构成一级或二级重大危险源的，必须替换为更为安全的尿素使用。采用液氨作为还原剂的工艺流程见图 1-9。

2. 氨水

通常是用 25%～28%的氨水溶液，将其置于存储罐中，然后通过加热装置使其蒸发，形成氨气和水蒸气。可以用接触式蒸发器法或采用喷淋式蒸发器法。氨水法对储存空间的需求较大，且运行中氨水蒸发器需要消耗大量的能量，运行费用较高，燃煤电厂应用相对较少。

3. 尿素

脱硝采用尿素作为还原剂分为水解技术与热解技术。其中水解技术是将尿素颗粒加入到溶解罐内，用除盐水将其溶解成质量浓度为 50%的尿素溶液，通过溶解泵输送到储罐，之后尿素溶液被输送到尿素水解反应器内，饱和蒸汽通过蒸汽盘管进入水解反应器对尿素溶液进行加热使尿素溶液汽化为尿素产品（氨气浓度约占 28%），饱和蒸汽不与尿素溶液混合，通过盘管回流，冷凝水由疏水箱回收。水解反应器内的尿素溶液浓度可达到 40%～50%，汽液两相平衡体系的压力为 0.48～0.6MPa，温度为 150～180℃。水解反应器中产

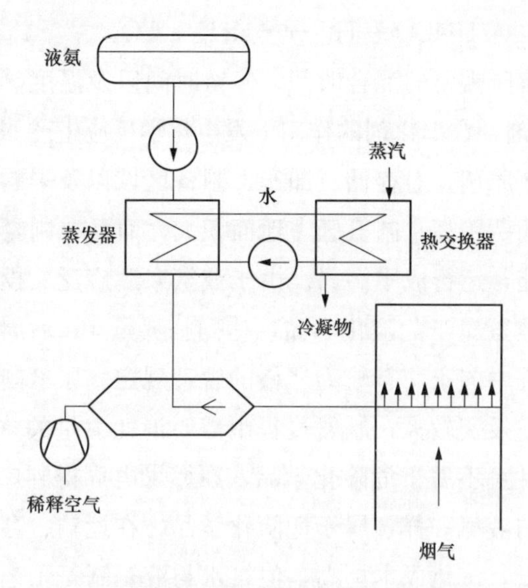

图 1-9 采用液氨作为还原剂的工艺流程图

生出来的含氨气流首先进入计量模块，然后被稀释风稀释，最后进入氨气-烟气混合系统，运行及投资费用较液氨法偏高。尿素水解法工艺流程见图 1-10。

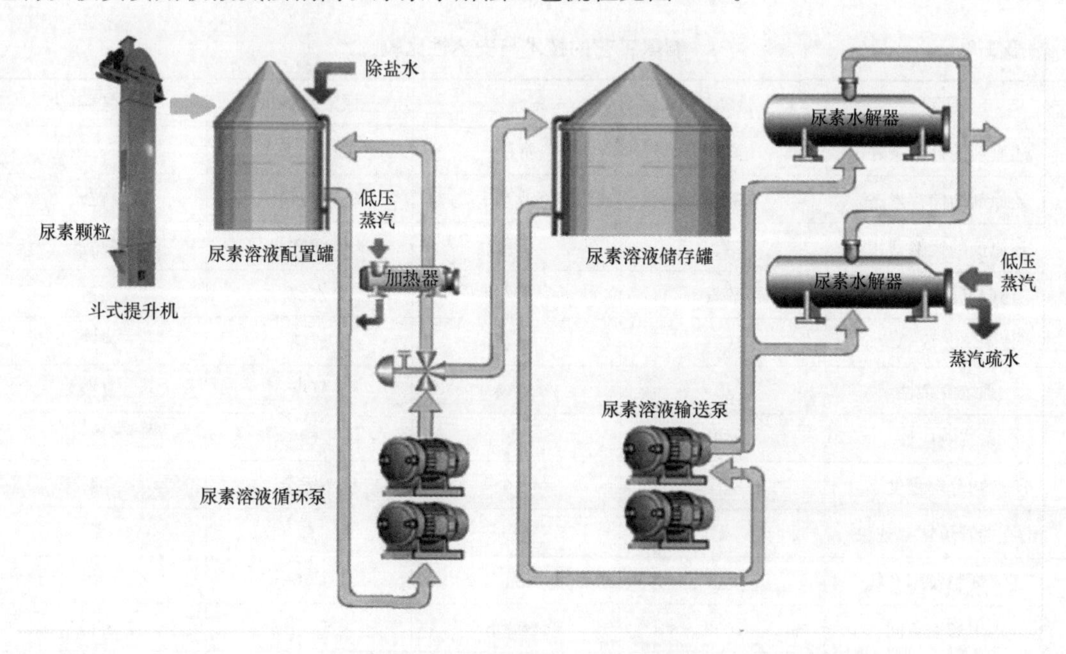

图 1-10 尿素水解法工艺流程图

尿素热解法制氨是将尿素在尿素溶解器中溶解为 70%（质量分数）的溶液，然后将尿素溶液注入分解器，在 0.31～0.52MPa，343～454℃条件下，尿素首先分解异氰酸和氨气，异氰酸再分解为氨气和二氧化碳，反应式如下：

$$CO(NH_2)_2 \longrightarrow NH_3 + HNCO$$

$$HNCO + H_2 \longrightarrow NH_3 + CO_2$$

热解室提供尿素分解所需要的混合时间、停留时间以及温度，分解出来的氨气产物作为SCR脱硝反应的还原剂，在催化剂的作用下发生化学反应生产N_2和H_2O。

使用氨水作为脱硝还原剂，对存储、卸车、制备区域以及采购、运输国家没有严格规定，但运输量较大，运输费用高，制氨区占地面积大，而且在制氨过程中需要将大量的水分蒸发，消耗大量的热能，运行成本高昂。由于液氨来源广泛，投资及运行费用均较其他两种物料节省，但由于液氨属于危险化学品，达到临界量10t后属于重大危险源，对液氨的运输、存储和生产过程中国家均有较为严格的管理规定。尿素制氨工艺需要使用专用的设备或水解器制备氨气，投资较大，制氨过程中需要消耗大量的蒸汽，运行成本高，但由于其具备安全稳定的特性且不属于危险化学品，在燃煤电厂得到广泛使用。总的来说，脱硝还原剂的选择，氨水与液氨一样，属于危险化学品，在运输、存储及使用过程中安全风险较高，其中氨水浓度低，汽化成本更高，但氨水与液氨制氨工艺的投资及生产成本还是较尿素制氨工艺更为经济，可从各方实际需求出发进行选择。脱硝还原剂的选择还应具效率高、价格低廉、安全可靠、存储方便、运行稳定、占地面积小等特点。制氨工艺的技术与安全性比较见表1-8。

表1-8　制氨工艺的技术与安全性比较

项目	液氨法	氨水法	尿素水解法	尿素热解法
还原剂的存储条件	高压	常压	常压、干态	常压、干态
还原剂的储存形态	液态	液态	微粒状	微粒状
还原剂的运输费用	贵	贵	便宜	便宜
还原剂制备方法	蒸发	蒸发	水解	热解
技术工艺成熟度	成熟	成熟	成熟	成熟
系统复杂性	单	复杂	复杂	复杂
系统响应性	快	快	慢	慢
产物分解程度	完全	完全	不完全	不完全
潜在的管道堵塞现象	无	无	有	无
还原剂制备副产物	无	无	CO_2	CO_2
占用场地空间	$\geqslant 1500m^3$	$\geqslant 2000m^3$	$\geqslant 500m^3$	$\geqslant 500m^3$
固定投资	最低	低	高	高
运行费用	最低	高	高	高

（五）主要技术参数及影响

影响脱硝效率的因素主要包括反应温度、反应时间、催化剂性能、NH_3/NO_x摩尔比等。SCR脱硝主要工艺参数及效果见表1-9。

表 1-9 SCR 脱硝主要工艺参数及效果

项目		单位	工艺参数及效果
入口烟气温度		℃	一般在 300～420℃
入口 NO_x 浓度		mg/m^3	以实际设计值为准
氨氮摩尔比		—	0.8～0.85
反应器入口烟气参数的偏差数值		—	速度相对偏差小于或等于±15%； 温度相对偏差小于或等于±15℃； 氨氮摩尔比相对偏差小于或等于±5%； 烟气入射角度小于或等于±10°
催化剂	种类	—	根据烟气中灰的特性确定
	层数（用量）	层	2～5（根据反应区尺寸、脱硝效率、催化剂种类和性能确定）
	空间速度	h^{-1}	2500～3000
	烟气速度	m/s	4～6
	催化剂节矩	—	根据烟气中灰的特性确定
脱硝效率		%	90
氨逃逸浓度		mg/m^3	≤2.5
SO_2/SO_3 转化率		%	燃煤硫分低于 1.5%时，宜低于 1； 燃煤硫分高于 1.5%时，宜低于 0.75
阻力		Pa	根据催化剂层及实际设计参数确定
NO_x 排放浓度		—	≤50mg/m^3

1. 烟气温度

烟气温度是影响 NO_x 脱除效率的重要因素。一方面当烟气温度低时，催化剂的活性会降低，NO_x 的脱除效率随之降低，且 NH_3 的逃逸率增大，SO_2 很容易被催化氧化成 SO_3 从而与还原剂 NH_3 及烟气中的水反应生产 $(NH_4)_2SO_4$ 和 NH_4HSO_4。NH_4HSO_4 黏性较高，易在 230～250℃范围内的 SCR 反应中生成，在 180～240℃呈液态，当温度低于 180℃呈固态，会沉积于催化剂或脱硝系统下游设备的表面堵塞烟气通道。同时 $(NH_4)_2SO_4$ 具有腐蚀性及黏性，可导致尾部烟道和设备损坏。虽然 SO_3 生成量有限，但其对后续设备造成的影响不可低估。为防止这一现象产生，既要严格控制氨逃逸量和 SO_2 氧化率，减少 $(NH_4)_2SO_4$ 和 NH_4HSO_4 在催化剂层和后部空气预热器上的形成，又要保证 SCR 反应温度高于 300℃。另外，温度高于 400℃，NH_3 会和 O_2 发生反应，导致烟气中的 NO_x 增加，同时又容易发生催化剂的烧结，微孔消失，使催化剂失效。因此，一般 SCR 反应温度都控制在 300～420℃。CR 烟气温度对 NO_x 脱除率的影响见图 1-11。

在"碳达峰、碳中和"目标背景下，大规模新能源投入市场，火力发电在全国发电结构中逐渐趋近于电力调峰使用，机组深度调峰时负荷较低会导致脱硝入口烟气温度降低，会降至脱硝催化剂运行温度下限，故机组深度调峰的同时还要兼顾脱硝装置入口烟气温度，

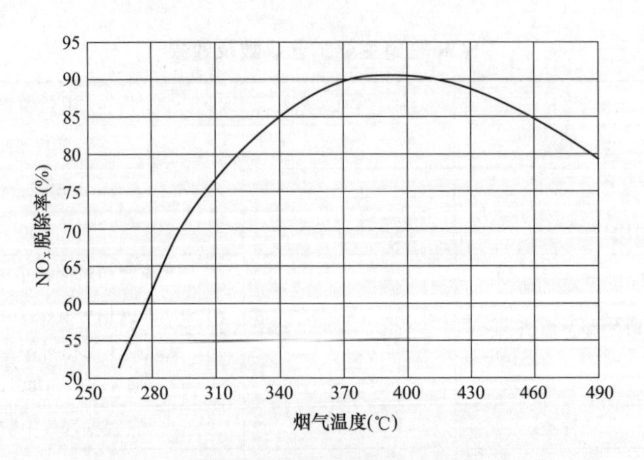

图 1-11　SCR 烟气温度对 NO_x 脱除率的影响

成为生产运行中的重点工作。

2. 氨氮摩尔比

理论上，1mol 的 NO_x 需要 1mol 的 NH_3 去脱除，NH_3 量不足会导致 NO_x 的脱除效率降低。但 NH_3 过量时，烟气通过空气预热器后温度迅速下降，多余的 NH_3 又会与烟气中的 SO_2、SO_3 等反应形成铵盐，导致烟道积灰与腐蚀。另外，NH_3 吸附在飞灰上，会影响电除尘所捕获粉煤灰的再利用价值，氨泄漏到大气中又会对大气造成新的污染，故氨的逃逸量一般要求控制在 3mg/L 以下。当 NH_3 的逃逸率超过允许值时，就必须额外安装催化剂或用新的催化剂替换掉失活的催化剂。通常喷入的实际 NH_3 量会随着机组负荷的变化而变化，目前 SCR 装置负荷变化的相应时间跟踪能力为 5～30s。运行中，通常取 NH_3 ∶ NO_x（摩尔比）为 0.8～0.85，NO_x 的去除率为 80%～90%。

NH_3 和烟气的均匀混合既能保证 NO_x 的脱除效率，又能较低的氨逃逸量。如果混合不均匀，即使氨的输入量不大，氨与 NO_x 也不能充分反应，不仅达不到脱硝的目的还会增加氨的逃逸率。采用合理喷氨方式，并为氨和烟气提供足够长的混合烟道，速度分布均匀，流动方向调整得当，NO_x 转化率、氨逃逸率和催化剂的寿命才能得以保证。

3. 飞灰

在锅炉燃烧过程中，由于煤种的变化和局部燃烧的扰动，通常在炉膛或对流受热面形成多孔且形状不规则的大粒径飞灰，其粒径可达 10mm。对于 SCR 催化剂，5mm 飞灰就会造成堵塞，因此有些 SCR 项目顶层催化剂表面会出现被大粒径飞灰堵塞的现象，导致烟气阻力增加，催化剂性能降低。

飞灰不但会对催化剂造成磨损，而且能沉积在催化剂表面，引起催化剂小孔堵塞。因此需要在设计反应系统时采取措施来减少通过催化剂的飞灰含量，此外应利用吹灰器对催化剂进行定时吹扫。在 SCR 装置停炉检修之前，应当对所有催化剂层进行多次吹扫，清理已有的积灰。在启动过程中，应当加强反应器吹灰，避免催化剂上碳粒沉积过多着火。停机后锅炉吹扫应当在催化剂温度降到200℃以下后进行，避免催化剂着火。

4. 反应接触时间和烟气流速

脱硝效率随接触时间的增加而提高，接触时间增至200ms时，脱硝效率达到最大值，随后开始降低。反应气体与催化剂的接触时间增加，有利于反应气在催化剂微孔内的扩张、吸附、反应和产物气的解吸、扩散，从而使NO_x脱除率提高，但若接触时间过长，NH_3氧化反应开始发生，脱硝效率下降。对SCR催化剂来说，衡量烟气在催化剂容积内的停留时间的指标是空间速度，它在某种程度上决定反应物是否完全反应，同时也决定着反应器催化剂骨架的冲刷和烟气的沿程阻力。空间速度大，烟气在反应器内的停留时间短，好处是在同等反应活性条件下可以节省催化剂的体积，降低成本，但弊端是有可能反应不完全，氨的逃逸率大，同时烟气对催化剂骨架的冲刷力度增加，增大对催化剂的磨损，缩短催化剂的使用寿命。

5. 吹灰方式

由于SCR脱硝技术采用催化剂作为烟气脱硝反应媒介，且无论是蜂窝式催化剂还是板式催化剂其烟气流通面积都较小，容易发生积灰堵塞，造成烟气脱硝反应范围变窄，导致脱硝效率降低。SCR吹灰方式一般采用声波吹灰和蒸汽吹灰两种，声波吹灰的特点在于投资及运行成本低，运行中对催化剂无损坏，但是无法清理已经沉积在金属结构上的积灰，特别是在烟气中含尘量较高时，吹灰效果低于蒸汽吹灰。蒸汽吹灰的特点在于能够应对含尘量较高的燃煤机组，吹灰效果较好，但是投资及运行成本较高且蒸汽疏水不畅时，吹灰蒸汽带水会损坏运行中的催化剂。

6. 流场分布

烟气脱硝系统普遍存在烟气流场分布不均匀现象，这个主要是因为烟气流速太快，烟气在进入脱硝催化剂时都会存在局部的烟气分布不均匀，在局部烟气浓度超出催化剂单元设计的处理量后会导致局部脱硝效率降低，氨逃逸增加，氨氮摩尔比上升。故在脱硝烟气系统中一般都会布置有烟气导流板、烟气扰流板及烟气整流模块来稳定并均匀分布进入催化剂的烟气流场。

7. 催化剂

催化剂中V_2O_5含量对NO_x脱除率有较大影响，催化剂中V_2O_5含量增多，催化剂效率增加，NO_x脱除率提高，但是V_2O_5含量超过6.6%时，催化剂效率反而下降，这主要由V_2O_5在载体TiO_2上分布不同造成的。红外光谱表明，当V_2O_5含量在1.4%～4.5%时，V_2O_5均匀分布于TiO_2载体上，并且以等轴聚合的钒基形成存在；当V_2O_5含量为6.6%时，V_2O_5在载体TiO_2上形成新的结晶区（V_2O_5结晶区），从而降低催化剂活性。

催化剂活性也是影响NO_x脱除效率的指标之一。催化剂活性越高，反应速率越快，脱除NO_x效率越高。催化剂活性是许多变量的函数，包括催化剂成分和结构、扩散速率、传质速率、烟气温度和烟气成分等。当催化剂活性降低时，NO_x还原反应速率也降低，这会

导致 NO_x 脱除量降低，氨逃逸水平升高。

催化剂活性 K 跟时间 t 的关系式为

$$K=K_0 e^{(t/r)}$$

式中 K_0——催化剂初始活性；

r——催化剂运行寿命的时间常数。

典型催化剂基于活性降低的曲线见图 1-12。随着催化剂活性降低，通常需要注入更多的氨来保持 NO_x 脱除率，因此也就增加氨逃逸。当氨逃逸达到最大值或允许运行水平时就必须更换催化剂，安装新的催化剂。

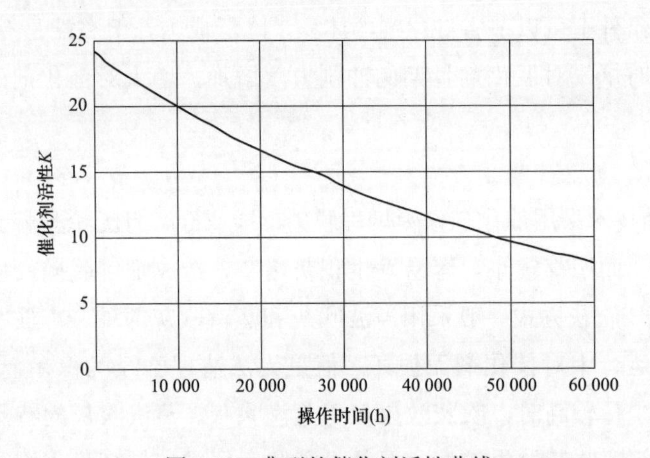

图 1-12　典型的催化剂活性曲线

（六）存在的主要问题

SCR 烟气脱硝技术存在的主要问题包括：随着运行时间的增长，催化剂活性降低及氨逃逸增大造成脱硝下游设备堵塞等。特别是在运行中因烟气成分复杂，某些污染物可使催化剂中毒；高分散度的粉尘微粒可覆盖催化剂的表面，使其活性降低；系统中存在一些未反应完全的氨与烟气中的 SO_3 反应生成易腐蚀和堵塞设备的硫酸铵及硫酸氢铵，同时还会降低氨的利用率等。

二、SNCR 脱硝技术

（一）工艺技术特点

选择性非催化还原法（selective non-catalytic reduction，SNCR）于 20 世纪 80 年代中期在国外开始成功，至 90 年代初成功应用于 600MW 及以上大型燃煤机组，它具有建设周期短、投资少、脱硝效率中等特点，比较适合对中小型电厂锅炉的改造。目前，SNCR 的工业应用程度仅次于 SCR 烟气脱硝技术。

SNCR 烟气脱硝技术是在无催化剂存在条件下向炉内喷入还原剂氨或尿素，将 NO_x 还原为 N_2 和 H_2O。SNCR 烟气脱硝工艺流程见图 1-13。

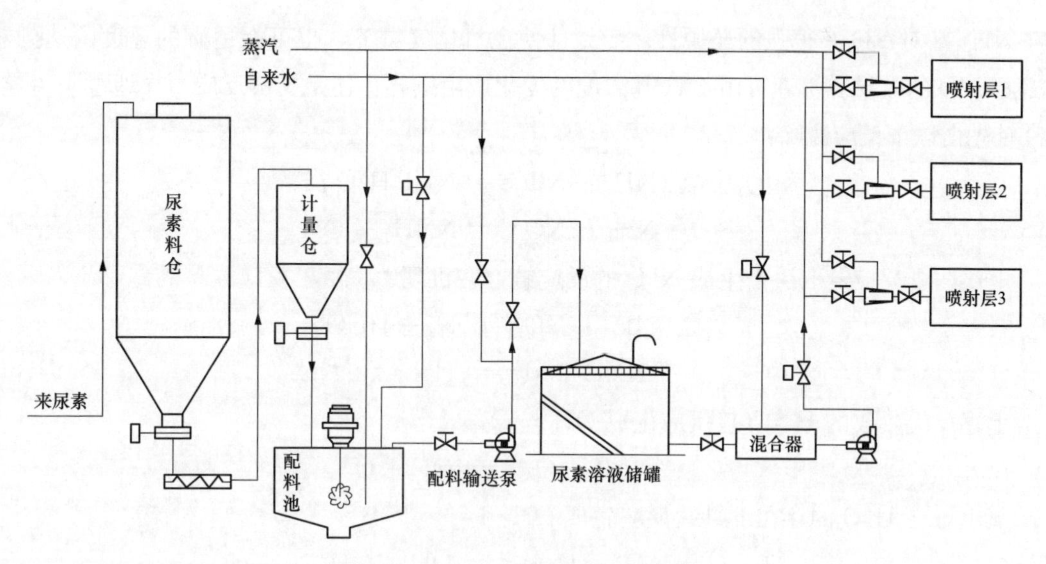

图 1-13 SNCR 烟气脱硝工艺流程图

（二）技术原理

SNCR 脱硝技术是不采用催化剂的作用下，在炉膛内烟气温度适宜处均匀喷入尿素或氨等氨基还原剂，与烟气中 NO_x 反应生成无害氮气和水的脱硝技术。还原剂在炉内中迅速分解为 NH_3 并与烟气中的 NO_x 进行反应还原为 N_2 和 H_2O，而基本上不与烟气中的氧发生反应。反应控制在很窄的烟气温度范围对应的炉膛位置进行。不同的还原剂有不同的反应温度范围，此范围温度称为温度窗口。当使用氨作为还原剂，氨还原 NO 的化学反应：

$$4NH_3 + 4NO + O_2 \longrightarrow 4N_2 + 6H_2O$$

$$4NH_3 + 2NO + 2O_2 \longrightarrow 3N_2 + 6H_2O$$

$$8NH_3 + 6NO \longrightarrow 7N_2 + 12H_2O$$

而当温度高于温度窗口时，NH_3 的氧化反应开始起的主导作用，反而生成 NO：

$$4NH_3 + 5O_2 \longrightarrow 4NO + 6H_2O$$

SNCR 脱硝 NO 的详细反应机理是由 NH_3 转化为 NH_2 基元开始的，在此过程中，OH 是关键的基元。在过低的温度下，反应过程中不能产生足够的 OH，导致 OH 基元湮灭，使 SNCR 反应无法发生；在合适的温度下，随着 OH 基元的增加，NH_3 大量地转化为 NH_2，引发 SNCR 链式反应，随着温度的升高，反应产生的 OH 基元累积，大量的 OH 会使 NH_2 基元继续脱氢形成 NH、N 等，这些基元会被烟气中的氧氧化形成 NO_x，从而导致加入氨不能降低 NO_x 含量反而增加 NO_x。

NO 的脱除是从 NH_3 生产 NH_2 自由基开始的：

$$NH_3 + OH \rightleftharpoons NH_2 + H_2O$$

当水蒸气不存在时 NH_2 基也可由下面反应通过 NH_3 与 O 原子生成：

$$NH_3 + O \rightleftharpoons NH_2 + OH$$

NH_2 基对 NO 有很强的还原性，导致即使在氧化气氛下，也可在适宜的温度内达到总体还原 NO 的效果。机理可由 OH 基浓度的变化或由链终止还是支链反应主导地位来决定。NO 首先由以下反应脱除：

$$NH_3 + NO \rightleftharpoons N_2 + H_2O$$

$$NH_3 + NO \rightleftharpoons NNH_2 + OH$$

上述两个反应链取决于生成 NH_2 的反应链，在机理中，由于反应：

$$NNH_3 + NO \rightleftharpoons N_2 + HNO$$

$$HNO + M \rightleftharpoons H + M + NO$$

上述反应生成的 H 与 O_2 反应生成 OH 与 O：

$$H + O_2 \rightleftharpoons OH + O$$

氧也可在 H_2O 的存在下继续反应生成 OH：

$$O_2 + H_2O \rightleftharpoons OH + OH$$

可见，OH 就是整个反应机理中的链载体，在每个反应链的 1/4 周期中，只要有支链反应发生，生成 OH，整个反应链就能再维持下去。

（三）还原剂的选择

SNCR 脱硝技术一般选择尿素、氨水或液氨作为还原剂。在同等工况下，尿素作为还原剂时氨逃逸率最高、氨水其次，液氨作为还原剂时氨逃逸率最低。

脱硝效率是 SNCR 脱硝工艺的重要指标，对于氨水 SNCR 脱硝工艺，当氨水喷入之后需要经过液滴的雾化过程，细小的液滴与高温烟气接触瞬间汽化，才能与氮氧化物反应；对于尿素，尿素溶液喷入之后同样需要经过液滴的雾化。蒸发过程与氨水不同，由于尿素无法直接与烟气中的氮氧化物直接反应，需要分解才能反应，尿素无法完全转化为氨气，在转化过程中还会产生副产品。因此，尿素作为还原的反应比较慢，比氨水要差。脱硝效率最高反应最快的是液氨，但气态的氨与空气混合后达到一定比例会达到爆炸极限，在喷入前需用稀释风进行充分稀释到爆炸极限以下。

尿素不属于危险化学品，在运输和储存过程中安全性能最高。因此，安全性能要求较高的地区，一般会采用尿素作为还原剂。氨水虽然不属于危险化学品，在运输及储存过程中一旦发生泄漏，挥发性的氨气对人体存在一定的危害，故氨水安全性较尿素不足。液氨属于危险化学品，在运输和储存过程中存在重大安全隐患，且液氨储存量大于 10t 后构成重大危险源，极大增加安全管理风险，故液氨安全性最差。

总的来说，在 SNCR 还原剂选择方面，氨水作为还原剂的设备系统少，控制点少。和氨水相比液氨至少需要配套一套液氨蒸发系统及氨气稀释系统。尿素作为还原剂的设备最多，系统较为复杂。故氨水可靠性最高，液氨其次，尿素最差。

（四）主要技术参数及影响

影响 SNCR 脱硝性能的主要因素包括反应区域温度、流场分布均匀性、烟气与还原剂混合均匀度、还原剂停留时间、氨氮摩尔比、还原剂类型等。SNCR 脱硝的主要工艺参数及效果见表 1-10。

表 1-10　SNCR 脱硝的主要工艺参数及效果

项目	单位	工艺参数及效果
温度窗口	℃	950～1150（采用尿素为还原剂） 850～1050（采用氨水为还原剂）
还原剂停留时间	s	≥0.5
氨氮摩尔比	—	≤1.05（由脱硝效率和氨逃逸浓度确定，一般取 0.8～0.85）
脱硝效率	%	60～80（循环流化床锅炉） 30～40（煤粉炉）
氨逃逸浓度	mg/m^3	≤8
NO_x 排放浓度	—	≤50mg/m^3（循环流化床锅炉） 150～300（煤粉炉）

1. 反应区域温度

在 SNCR 脱硝工艺中，NO_x 还原反应的发生需要在一定的温度范围内，温度太低时反应动力学进行缓慢，通过锅炉溢出的氨量增多；温度太高时还原剂被氧化，附加会有 NO_x 生成。温度窗口与应用的还原剂有关，尿素和氨水作 SNCR 还原剂时，温度窗口的反应温度与 NO_x 脱除效率的关系见图 1-14。对于氨，最佳反应温度区域为 850～1050℃；尿素最佳的反应温度区域为 950～1150℃。

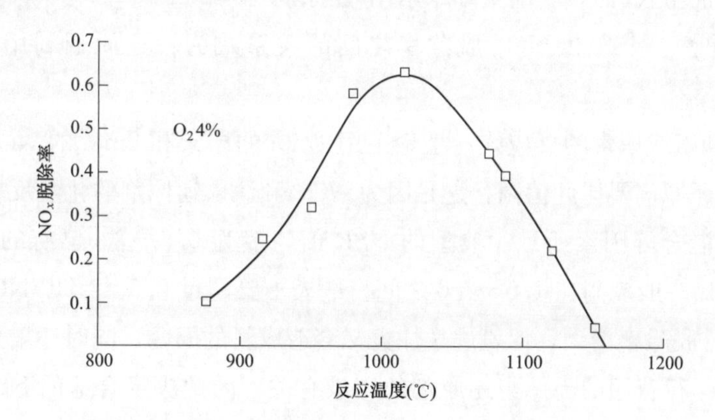

图 1-14　温度窗口的反应温度与 NO_x 脱除效率的关系

2. 烟气与还原剂混合均匀度

如需保证较高的脱硝效率和较低的氨逃逸率，还原剂必须与烟气均匀混合。两者的充分混合是保证在适当的氨氮摩尔比下得到较高的 NO_x 脱除率的基本条件之一。混合程度取决于锅炉形状和气流通过锅炉的方式。还原剂被特殊设计的喷嘴雾化成小液滴由喷入系统完成，喷嘴可控制液滴的粒径分布及喷射角度、速度和方向。大液滴动量大，能渗透到更远的烟气中。但大液滴挥发时间长，需要增加停留时间。增加喷入液滴的动量、增加喷嘴数量、增加喷入区的数量和喷嘴节能型优化设计可提高还原剂与烟气的混合程度。

通过对烟气和还原剂的数值模拟可对喷射系统进行优化设计。尿素溶液的蒸发及其喷射轨迹是其液滴直径的函数。大的液滴具有大的动量且入烟气流更远，但它要求的挥发时间较长，需要的滞留时间更长。大型电站锅炉由于炉膛尺寸大、锅炉负荷变化范围大，从而增加了对上述因素的控制难度。工程运行中通常采用的措施是优化雾化器的喷嘴，控制雾化液滴的粒径、喷射角度、穿透深度及覆盖范围；增加雾化器的数量，设置可伸入炉膛的多喷嘴尿素喷射器；强化尿素喷射器下游烟气的湍流混合，增加反应温度区域内的 NH_3/NO_x 扩散，提高反应速率。以上几方面因素都涉及 SNCR 还原剂的喷射系统，所以在 SNCR 中还原剂的喷射系统的设计是一个非常重要的环节。

3. 还原剂停留时间

还原剂必须和 NO_x 在合适的温度区域内有足够的停留时间，才能保证 NO_x 的还原率。若反应窗口温度较低，为获得相同的 NO_x 去除率，就需要较长的滞留时间，加大停留时间有助于质量的运输和化学反应，从而提高脱硝效率。滞留时间能够在较短范围内波动，但为获得较好的脱硝效率，要求最低停留时间为 0.5s。停留时间的大小决定于烟气路径的尺度和流速。

4. 氨氮摩尔比

为达到一定的 NO_x 去除率，通常需添加的还原剂用量由氨氮摩尔比（NSR）来决定。

NSR=还原剂与入口 NO_x 的实际摩尔比/还原剂与入口 NO_x 的化学计量摩尔比

还原剂利用率、NSR 和 NO_x 脱除率之间的关系式为：还原剂利用率＝NO_x 脱除率/NSR。

根据 NO_x 和氨或尿素的反应式，理论上用 1mol 的尿素和 2mol 的 NO_x。而实际上喷入锅炉烟气中的还原剂要比此值高，这是因为 NO_x 和注入还原剂的化学反应复杂性，以及还原剂与烟气的混合等因素所致。典型的 NSR 值一般为 0.5～3。已有的运行经验显示，NH_3/NO_x 摩尔比一般控制在 1.0～2.0 之间，最大不要超过 2.5。NH_3/NO_x 摩尔比过大，虽然有利于 NO_x 脱除率增大，但氨逃逸加大又会造成新的问题，同时还增加运行费用。因 SNCR 的建设与运行费用的高低与还原剂的用量有关，因此决定合适的 NSR 值非常关键。影响 NSR 值的因素包括：NO_x 的还原率；处理前烟气的 NO_x 浓度；NO_x 还原反应的温度和滞留时间；还原剂与烟气在炉内的混合程度；允许的氨逃逸。

随着 NSR 增加 NO_x 还原率提高。但当 NSR 继续增加时，NO_x 还原反应的增值将按指数下降。当 NSR 值超过 2.0 时，增加还原剂量不会显著提高 NO_x 还原率。实际上在 SNCR 系统中，典型的 NSR 值要求比理论摩尔注入更多的还原剂。另外被去除的 NO_x 量一般要比待处理 NO_x 量少得多，这就使得注入的还原剂大部分未完全反应就失去作用，过剩还原剂会通过一系列化学反应被破坏，少量还原剂将以氨逃逸的方式留在烟气中。

NO_x 还原效率与 NSR 的关系曲线见图 1-15，NO_x 去除率和 NH_3 逃逸量的关系曲线见图 1-16。

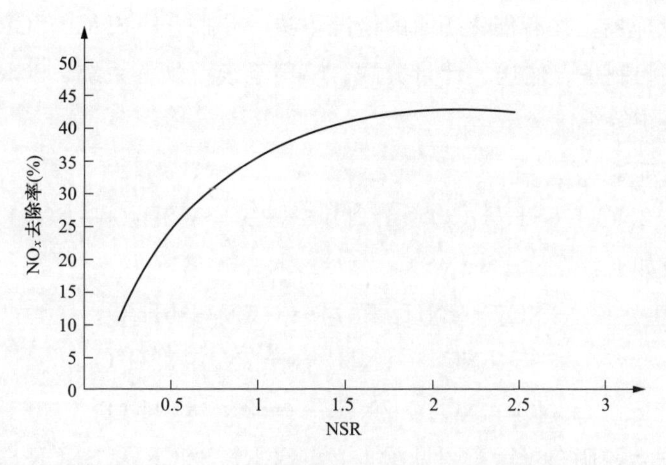

图 1-15　NO_x 还原效率与 NSR 的关系曲线

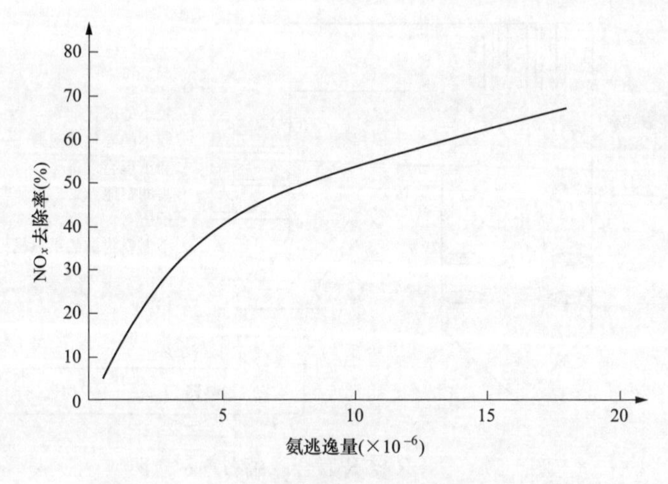

图 1-16　NO_x 去除率和 NH_3 逃逸量的关系曲线

（五）存在的主要问题

SNCR 脱硝技术受锅炉运行工况波动导致的炉内温度场、流程分布不均影响较大，脱硝效率不稳定，氨逃逸率较大，下游设备存在堵塞和腐蚀的风险。

三、SNCR-SCR 联合脱硝技术

（一）工艺技术特点

SNCR-SCR 联合脱硝技术是一种联体工艺，而不仅仅是 SCR 与 SNCR 工艺共用，它是在 SCR 工艺的基础上，结合 SCR 技术高效、SNCR 技术投资节省的特点而发展起来的一种

高效成熟的 SCR 改进工艺。混合 SNCR-SCR 工艺具有 2 个反应区，通过布置在锅炉炉墙上的喷射系统，首先将还原剂喷入第 1 个反应区——炉膛，在高温下还原剂与 NO_x 在没有催化剂参与的情况下发生还原反应，实现初步脱硝。未反应的还原剂进入混合工艺的第 2 个反应区——SCR 反应器，在有催化还原的情况下进一步脱硝。SNCR-SCR 混合法脱硝系统主要由还原剂存储与制备、输送、计量分配、喷射系统、烟气系统、SCR 脱硝催化剂及反应器、电气控制系统等组成。

前段化学反应如下：

$$2NO + (NH_2)_2CO + 1/2O_2 \longrightarrow 2N_2 + 2H_2O + CO_2$$

后段化学反应如下：

$$4NO_2 + 4NH_3 + O_2 = 4N_2 + 6H_2O$$

$$6NO_2 + 8NH_3 = 7N_2 + 12H_2Os$$

$$NO + NO_2 + 2NH_3 = 2N_2 + 3H_2O$$

SNCR-SCR 联合脱硝布置示意图见图 1-17，SCR、SNCR 及 SNCR-SCR 脱硝工艺特性比较见表 1-11。

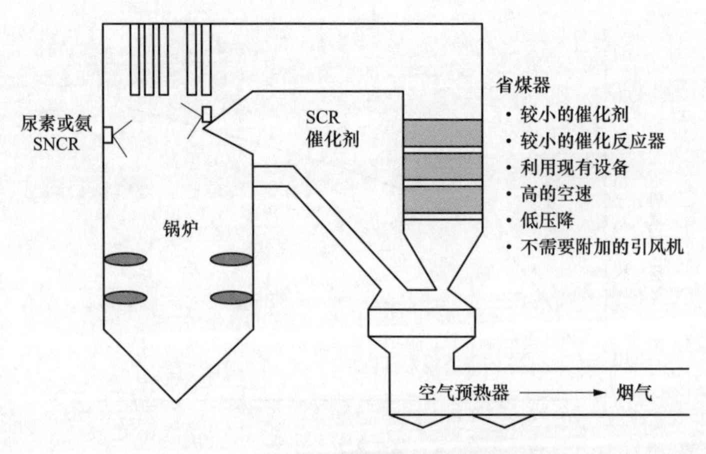

图 1-17　SNCR-SCR 联合脱硝布置示意图

表 1-11　SCR、SNCR 及 SNCR-SCR 脱硝工艺特性比较

主要工艺特性	工艺方法		
	SCR	SNCR	SNCR-SCR
脱硝效率（%）	70～90	大型机组 25～40，小型机组配合 LNB、OFA 技术可达 80	40～90
反应温度（℃）	320～400	850～1250	前：850～1250；后：320～400
催化剂及其成分	主要为 TiO_2、V_2O_5-WO_3	不用催化剂	后段加少量催化剂
还原剂	NH_3 或尿素	NH_3 或尿素	NH_3 或尿素

续表

主要工艺特性	工艺方法		
	SCR 法	SNCR 法	SNCR-SCR 混合法
对空气预热器影响	与 SO_3 易形成 NH_4HSO_4，造成堵塞或腐蚀	造成堵塞或腐蚀的机会为三者最低	造成堵塞或腐蚀的机会较 SCR 低
SO_2/SO_3 氧化	催化剂中 V、Mn、Fe 等金属会对 SO_2 的氧化起催化作用，SO_2/SO_3 氧化率较高	不导致 SO_2/SO_3 氧化	SO_2/SO_3 氧化较 SCR 低
NH_3 逃逸（μL/L）	3～5	5～10	3～5
占地空间	较大，需增加大型催化剂反应器和供氨或尿素系统	小，无须增加催化剂反应器	较小，需增加小型催化剂反应器，无须增设供氨或尿素系统
锅炉的影响	受省煤器出口烟气温度影响	膛内烟气流速、温度分布及受炉 NO_x 分布的影响	受炉膛内烟气流速、温度分布及 NO_x 分布的影响
燃料的影响	高灰分会磨耗催化剂，碱金属氧化物会使催化剂钝化	无影响	高灰分会磨耗催化剂，碱金属氧化物会使催化剂钝化
系统压力损失	催化剂造成较大的压力损失，一般大于 980Pa	无	压力损失相对较低，一般为 392～588Pa
使用业绩	多数大型机组成功运行	多数大型机组成功运行	多数大型机组成功运行

（二）技术原理

SNCR-SCR 联合脱硝技术结合 SNCR 与 SCR 工艺的特点，可以直接使用尿素作为还原剂，排除液氨或氨水作为还原剂时存在的安全隐患。布置在前端的 SNCR 装置可使用 10% 的尿素溶液直接喷入炉膛，免去单独 SCR 工艺昂贵且危险的液氨输送、储存和处理环节或尿素热解（水解）装置。其产生未完全反应的逃逸氨随烟气流向后部的 SCR 装置，可作为其还原剂使用，省去单独 SCR 工艺所需的喷氨格栅。由于前端 SNCR 装置已经产生 35%～40%的脱硝效率，后部 SCR 装置所需的催化剂体积较传统单独 SCR 脱硝工艺小，降低催化剂的采购和后期更换成本。催化剂层数减少，锅炉烟气系统的阻力也随之降低，同时烟气中 SO_2 向 SO_3 的转化率下降，有助于缓解硫酸氢铵对空气预热器的堵塞。

SNCR-SCR 联合脱硝技术一般适用于采用低氮燃烧技术加 SNCR 工艺后仍然不满足环保要求，且炉后空间或锅炉剩余寿命有限的特定条件下使用。由于该技术对喷氨精度要求较高，可以在反应器入口烟道设导流、混合与整流装置，不设氨喷射系统。同时为确保脱硝效率，SCR 催化剂可考虑一用一备，但要注意的是 SNCR-SCR 联合脱硝工艺中的 SCR 脱硝效率不宜大于 30%，SO_2/SO_3 转化率不宜大于 0.5%，脱硝系统阻力增加不宜超过 500Pa。SNCR-SCR 联合脱硝技术主要工艺参数及效果见表 1-12。

表 1-12　　SNCR-SCR 联合脱硝技术主要工艺参数及效果

项目	单位	工艺参数及效果	
温度窗口	℃	SNCR	950～1150（采用尿素为还原剂） 850～1050（采用氨水为还原剂）
		SCR	一般在 300～420 之间
还原剂停留时间	s	≥0.5（SNCR 区间）	
催化剂	—	与 SCR 技术催化剂参数一致	
氨氮摩尔比	—	1.2～1.8	
脱硝效率	%	55～85	
阻力	Pa	≤500	
氨逃逸浓度	mg/m³	≤3.8	
NO_x 排放浓度	—	可实现达标排放或超低排放标准	

（三）主要技术参数及影响

SNCR 脱硝反应所需的停留时间长短与锅炉炉膛尺寸、沿程烟气的体积流量、还原剂在烟气中混合均匀度等因素有关。在炉内，满足 SNCR 反应温度的空间位置是非常有限的，还原剂喷射位置一般布置在煤粉锅炉的折焰角附近，该处受到高温过热屏的影响，烟气温度变化大，对应 SNCR 温度窗口的反应时间比较难满足，所以还原剂 NH_3 和烟气及时快速的混合是保证 SNCR 效率的关键。影响 SNCR-SCR 效率和联合装置喷氨量的主要因素可归结为：烟气温度、还原剂与烟气混合程度，烟气气氛的影响，代表性点位选取位置，催化剂的结构及用量等。

1. 烟气温度

烟气温度是影响 SNCR 脱硝效率的重要因素之一，低氮燃烧器改造后炉内烟气温度还会更低。对 SNCR 装置来说，烟气温度在 850～1050℃范围内，还原剂（氨水）与氮氧化物反应生成氮气和水。若反应窗口温度在 850～1050℃范围外，脱硝 SNCR 还原反应将会减弱。SNCR 脱硝效率与温度关系见图 1-18。

2. 还原剂与烟气混合度

SNCR 还原反应条件恶化，喷枪射程不够，炉膛烟气与 NH_3 混合不充分，部分烟气未与 NH_3 接触，氨水易挥发，制约还原剂的覆盖范围，造成脱硝效率低。因此脱硝系统采用过量喷氨，即提高氨氮摩尔比，以确保 NO_x 达标排放。相关研究表明，SNCR 技术在应用上脱硝效率低主要是受混合的限制和烟气温度高的影响，因此氨与烟气的混合必须迅速。同时，高的射流动量与烟气气流动量比可以提高脱硝的性能，烟气气流的湍流程度越大，对混合越有促进作用。

3. 烟气组分的影响

烟气中的 O_2、CO、H_2O、H_2、CH_i（烃根）等都会对脱硝反应产生一定的影响。对

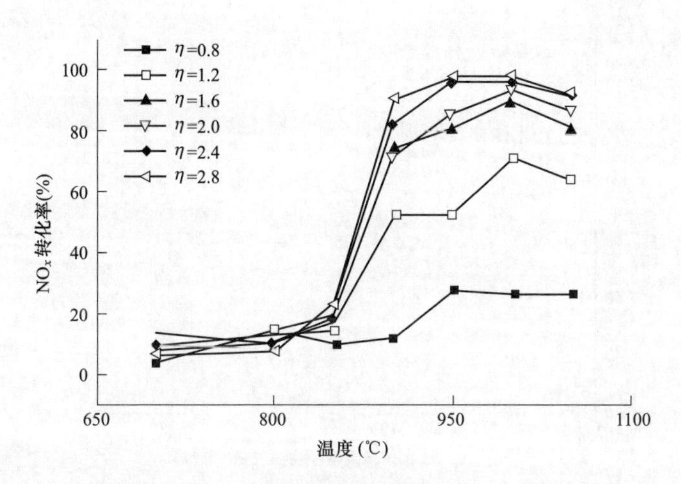

图 1-18 SNCR 脱硝效率与温度关系［$\psi(NO)=0.06\%$，$\psi(O_2)=4.5\%$，$t=0.5s$］

注：η 为氨氮摩尔比。

燃煤机组来说，配煤掺烧对锅炉燃烧工况影响较大，决定了烟气中各组分的含量，使得温度窗口发生变化，进一步影响 SNCR 系统的脱硝效率。

在缺氧的情况下，SNCR 系统还原反应并不会发生；在有氧的情况下，SNCR 系统还原反应才能进行。氧浓度的上升使得反应的温度窗口向低温方向移动，进而使 NO_x 和 N_2O 的浓度升高，脱硝效率下降。

在低温下，当蒸汽的浓度低时，促进还原反应的进行；当蒸汽的浓度高时，则会阻碍反应的进行。

CO 浓度的上升，使 SNCR 的温度窗口向低温方向移动，脱硝反应温度下降，脱硝效率同步降低。

H_2 和 CH_4 的存在也会使反应的温度窗口向低温方向移动，而且随着这些可燃化合物浓度的提高、温度窗口移动的幅度加大，脱硝效率也会受到影响。

燃煤低温发热量不宜过高，否则会导致炉温高，超越窗口温度，影响脱硝效率。若未按要求上煤，导致炉膛温度较高，氮氧化物持续偏高，会使脱硝效率下降。不同燃料、不同容量的锅炉 SNCR 装置脱硝效率见图 1-19。

4. 代表性点位选取位置

现有脱硝 SNCR-SCR 装置后都设有数据采集系统，但是由于烟道截面面积较大，烟气流场不均匀，DCS 显示的炉膛出口氮氧化物浓度与实际浓度存在一定的偏差，部分电厂还出现数据倒挂的现象，即烟囱入口氮氧化物浓度高于脱硝装置后氮氧化物浓度，究其原因主要在于脱硝出口测点选取位置不合理。

5. 催化剂的结构及用量

催化剂都含有少量的氧化钒和氧化钛，因为它们具有较高的抗 SO_3 能力，其结构、形状随使用环境而变化。为避免被颗粒堵塞，常使用蜂窝状、板式催化剂部件；为降低被飞

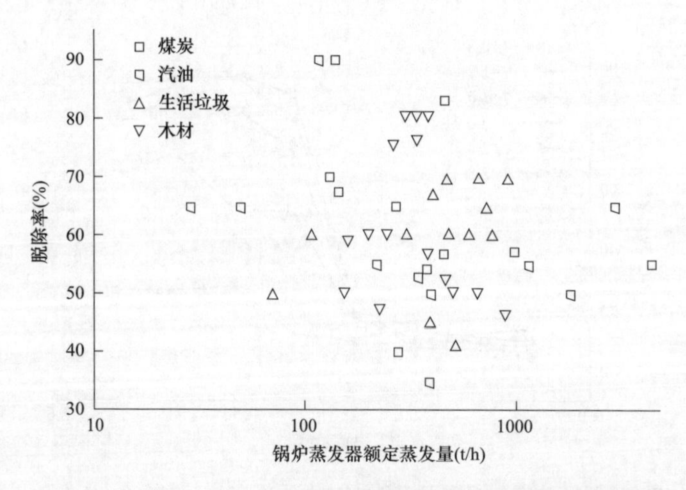

图 1-19 不同燃料、不同容量的锅炉 SNCR 装置脱硝效率

灰堵塞的可能性，反应器采用垂直放置方式，使烟气自上而下流动。此外，脱硝装置安装声波吹灰器和蒸汽吹灰器来防止颗粒的堆积。初始设计时，要考虑适当放大催化剂的量；同时，还要根据反应器中有效区域的变化调整催化剂的安装位置，对催化剂寿命进行管理。“2＋1”布置模式的催化剂寿命管理曲线见图 1-20。

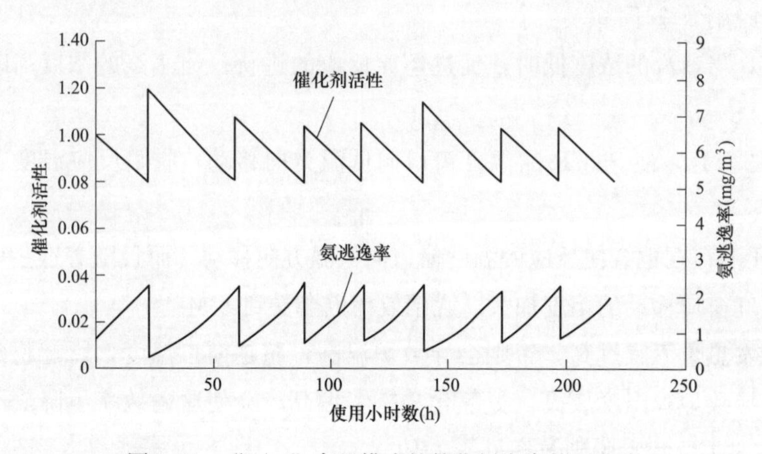

图 1-20 “2＋1”布置模式的催化剂寿命管理曲线

四、 低氮燃烧技术

低 NO_x 燃烧技术是根据 NO_x 的生成机理，在煤的燃烧过程中通过改变燃烧条件、合理组织燃烧方式等方法来抑制 NO_x 生成的燃烧技术。

在燃煤过程中燃料型 NO_x 尤其是挥发分 NO_x 的生成量占的比例最大，因此低 NO_x 燃烧技术的基本出发点就是抑制燃料型 NO_x 的生成。根据燃料型 NO_x 的生成机理，可以将其生成过程归纳为如下竞争反应：

$$燃料氮 \longrightarrow I$$

$$I + RO \longrightarrow NO + \cdots \quad (R1)$$

$$I + NO \longrightarrow N_2 + \cdots \quad (R2)$$

式中 I——含氮的中间产物（N、CN、HCN 和 NH）；

RO——含氧原子的化学组分（OH、O、O_2）；

R1——含氮的中间产物被氧化生成 NO_x 的过程；

R2——生成的 NO_x 被含氮中间产物还原成 N_2 的反应。

因此，抑制燃料型 NO_x 的生成，就是如何设计出使还原反应 R2 显著的优先于氧化反应 R1 的条件和气氛。

除此之外，抑制热力型 NO_x 的生成也能在一定程度上减小 NO_x 的排放量，只是效果很小。一般来讲抑制热力型 NO_x 的主要原则是降低过量空气系数和氧气的浓度，使煤粉在缺氧的条件下燃烧；降低燃烧温度并控制燃烧区的温度分布，防止出现局部高温区；缩短烟气在高温区的停留时间。但显然，以上原则多数与煤粉炉降低飞灰含碳量、提高燃尽率的原则相矛盾，因此在设计开发低 NO_x 燃烧技术时必须全面考虑。

低氮燃烧技术具有种类多样化、适应范围广、成本较低等优点，是实现 NO_x 减排的重要技术之一，目前应用较为广泛的低氮燃烧技术主要包括空气分级燃烧技术、燃料分级燃烧技术与烟气再循环技术。除此之外，无焰（moderate and intense low oxygen dilution, MILD）燃烧技术、多孔介质燃烧技术、富氧燃烧技术及 MILD 富氧燃烧技术作为新兴的低氮燃烧技术，可实现 NO_x 超低排放，应用前景广阔。

（一）技术特点及影响因素

空气分级燃烧技术是目前应用最为广泛且成熟可靠的低氮燃烧技术，其基本原理是将空气分级送入炉膛使燃烧过程分阶段完成：第一级为主燃烧区，从主燃烧器供入炉膛的空气量一般仅占总燃烧空气量的 75%左右，过量空气系数小于 1，燃烧温度及速率降低，还原性气氛使 NO_x 的生成量显著降低；第二级为燃尽区，剩余总燃烧空气作为燃尽风通过布置在主燃烧器上方的 OFA 喷口进入炉膛，过量空气系数大于 1，火焰温度相对较低，NO_x 的生成量较少。对于空气分级燃烧技术而言，调节其分级配风比例并优化配风位置是实现低 NO_x 排放的关键。空气分级燃烧技术原理见图 1-21。

燃料分级燃烧技术又称再燃技术，多用于燃煤锅炉，指将炉内燃烧过程沿炉膛长度方向划分为三个燃烧区：第一燃烧区为主燃烧区，将约占入炉热量 80%的燃料送入，并在过量空气系数大于 1 的条件下燃烧，此时会生成较多的 NO_x；第二燃烧区又称再燃区，位于主燃烧区上方，将占入炉热量约 20%的再燃燃料送入，使其在过量空气系数小于 1 的还原性气氛下转化为大量还原性 CH 基团，从而将已生成的 NO_x 还原；第三燃烧区为位于再燃烧区上方的燃尽区，通过喷入空气使炉内过量空气系数大于 1，从而保证未完全燃烧的含碳物质燃尽。燃料分级燃烧技术原理见图 1-22。

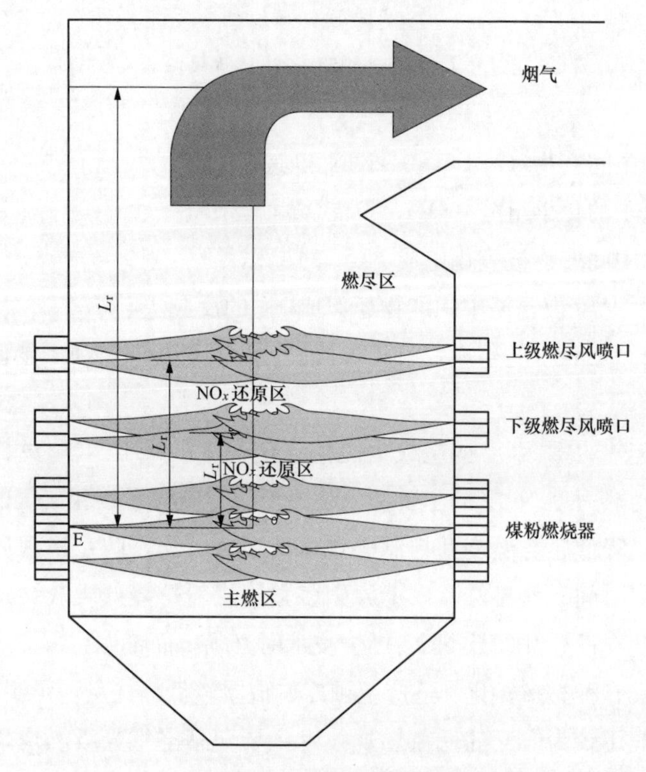

图 1-21　空气分级燃烧技术原理图

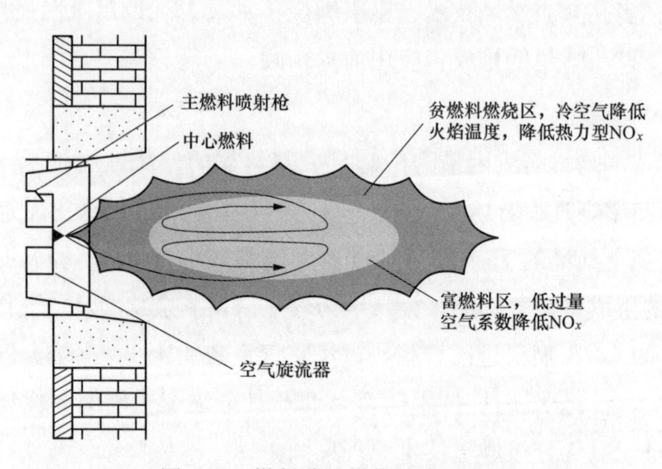

图 1-22　燃料分级燃烧技术原理图

烟气再循环技术是将燃烧产生的部分烟气直接或与空气混合后送入炉内参与燃烧，由于其改造及运行简易，因此在锅炉中应用比较广泛。烟气再循环技术对热力型 NO_x 的抑制作用更为明显，即对烟气中热力型 NO_x 在总 NO_x 中占比较大的燃烧工况较为有效。根据再循环烟气引入方式不同，烟气再循环可分为烟气外循环（e-FGR）与烟气内循环（i-FGR）两种。烟气外循环指通过风机及管路等将燃烧产生的烟气抽取一部分重新送入炉内，使得炉膛内氧气浓度降低，同时由于烟气温度较低，可吸收部分燃烧产生的热量使炉膛温度降低，从而减少 NO_x 排放量。烟气再循环技术原理图见图 1-23。

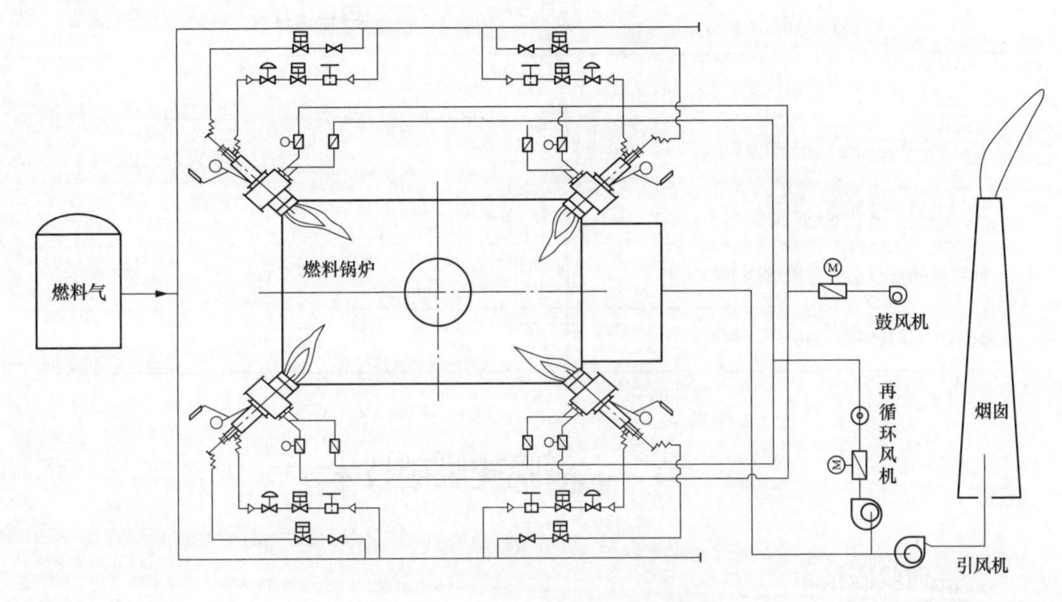

图 1-23 烟气再循环技术原理图

低 NO_x 燃烧器技术，通过燃烧器结构的特殊设计及改变通过燃烧器的风煤比例，以达到在燃烧器着火区实现空气分级、燃烧分级或烟气再循环效果，在保证煤粉着火燃烧的同时，有效抑制 NO_x 的生成。因该技术只需用低 NO_x 燃烧器替换原燃烧器即可，设备投资较低，然而单靠这种技术无法满足更严格的排放标准，因此需要和其他 NO_x 控制技术联合使用。

（二）存在的主要问题

空气分级燃烧技术，运行经验较多，适合锅炉改造项目，但其减排效果有限且存在燃烧不充分及腐蚀问题。燃料分级燃烧技术，以天然气为代表的气体再燃燃料，降低 NO_x 效果较好，但更适用于新建锅炉。烟气再循环技术，对于现有锅炉改造较容易，但单独使用时 NO_x 减排效果有限且对锅炉燃烧稳定性及燃烧效率有不利影响，宜与其他技术配合使用。MILD 燃烧技术，燃烧稳定性好、燃烧效率高且 NO_x 排放低，在不预热空气或全预混条件下均可实现气体、液体及粉状固体燃料的 MILD 燃烧，对于低热值燃料燃烧也同样具有显著优势。多孔介质燃烧技术，燃烧效率高、NO_x 排放低且贫燃极限宽，可实现高炉煤气、生物质气及挥发性有机物（VOCs）等低热值气体燃料的燃烧。富氧燃烧技术，是一种可同时实现超低污染物排放与碳捕集的清洁燃烧技术，具有十分可观的经济效益与社会效益。MILD 富氧燃烧技术，兼具 MILD 燃烧技术与富氧燃烧技术两者的优点，并可进一步降低 NO_x 排放量，是一种新型、高效的燃烧技术，可实现煤或天然气等化石燃料的“近零排放”。低 NO_x 燃烧技术及效果见表 1-13。

表 1-13　　低 NO_x 燃烧技术及效果

技术名称	NO_x 减排率（%）
空气分级燃烧技术	20～50
低氮燃烧器（LNB）技术	20～50
燃料分级燃烧（再燃）技术	30～50
低氮燃烧器与空气分级燃烧组合技术	40～60
低氮燃烧器与燃料分级燃烧（再燃）技术	40～60

第三节　高效脱硫脱硝技术

一、高效脱硫技术

高效脱硫技术是针对高硫煤、超低排放、深度减排要求，基于现有石灰石-石膏湿法烟气脱硫技术基础上发展起来的，使脱硫装置的脱硫效率由以往的95%大幅提升至98%甚至99%以上，实现 SO_2 的深度脱除。

高效脱硫技术的基本原理是采用提高石灰石消溶速率、提高浆液 pH 值、提高流场均匀性、增强气液紊流效果等技术措施强化脱硫反应传质过程、降低系统能耗，从而实现高效脱硫。燃煤电厂高效脱硫大致分为两类路线。一类为空塔提效，包括单托盘技术、双托盘技术、旋汇耦合技术等，通过加强传质效率以达到高效的脱除要求。另一类为双循环技术或串塔技术，烟气经过两级喷淋洗涤达到高效脱除要求，折返塔、单塔多区技术与双循环原理类似。

（一）托盘技术

托盘技术是在吸收塔内增加一层或双层托盘装置，托盘主要作用为烟气均布及强化传质，其工作原理是：托盘上均匀开大量小孔，一般开孔率在30%～40%，在正常运行情况下，托盘上会形成一层持液层，烟气通过小孔和持液层时，阻力会增加，一般在600～900Pa，由于阻力的作用会使烟气更均匀分布于吸收塔内。同时由于烟气通过小孔时流速较高，在液膜层激起大量的液泡，增大了烟气和浆液的传质面积，并且增加烟气中 SO_2 与浆液接触的机会，从而提高脱硫效率，一般认为托盘可增加30%左右的液气比。托盘技术工作原理见图 1-24。

为应对高脱硫效率及低排放浓度等深度脱硫要求，部分项目使用了双托盘技术，双托盘可以在更高的脱硫效率和更低的 SO_2 排放浓度上发挥作用，具体如下：

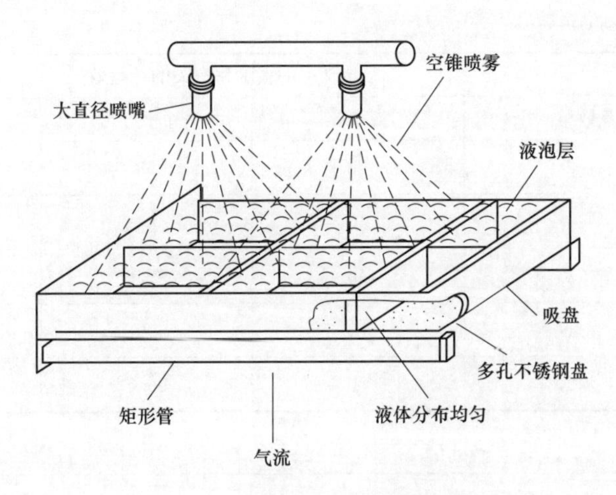

图 1-24 托盘技术工作原理图

（1）双托盘的气流均质作用。较高流速的烟气进入吸收塔后，首先通过塔内下层托盘，并与托盘上的液膜进行气、液相的均质调整。托盘会阻碍塔的横截面上气流均匀地分布。这种阻碍会产生于气体和浆液接触区域的开始阶段或产生于吸收塔内的吸收区域。因此，在吸收区域的整个高度以上可以实现气体与浆液的最佳接触。

（2）提高烟气与浆液的接触功效。由于托盘可保持一定高度液膜，增加了烟气在吸收塔中的停留时间。当气体通过时，气液接触，可以起到充分吸收气体中部分污染成分的作用，从而有效降低液气比，提高吸收剂的利用率，降低循环浆液泵的流量和功耗。

（3）托盘可以提高石灰石的溶解量，增强 SO_2 的吸收。在吸收区域内溶解的石灰石量取决于浆液在吸收区域内滞留的时间。如果使用托盘，那么这种滞留时间会更长一些。浆液滞留时间取决于托盘上的压差。因此，通过改进的或除液气比以外的更有效的接触，以及通过在吸收区域内提供更高的溶解碱度，可以使托盘提高 SO_2 的去除率。

对于中硫至高硫煤的脱硫率达 98%双托盘吸收塔，浆液在托盘上的浆液滞留时间大约为 3.5s。托盘上浆液的 pH 值比反应池内的 pH 值低。如果反应池内的 pH 值为 5.5，那么托盘上浆液的 pH 值将约为 4.0。石灰石的溶解速率与浆液内水合氢离子的浓度［H^+］成正比。pH 值为 4.0 条件下的［H^+］是 pH 值为 5.5 条件下［H^+］的 31 倍。因此，托盘上石灰石的溶解速率比反应池内石灰石的溶解速率快 31 倍。在托盘上滞留 3.5s 相当于在反应池内滞留 1.9min。单托盘与双托盘关于 SO_2 去除效率的比较见表 1-14。传质单元数（NTU）与效率曲线见图 1-25。

表 1-14　　单托盘与双托盘关于 SO_2 去除效率的比较

试验电厂名称	与 SO_2 的去除率有关的托盘效果			
	托盘数量（个）	液气比	去除率（%）	NTU 提高情况
Winyah	1	48	82	Winyah 的基数

续表

试验电厂名称	与 SO_2 的去除率有关的托盘效果			
	托盘数量（个）	液气比	去除率（%）	NTU 提高情况
Winyah	2	48	93	基数的 1.54 倍
小规模试验厂	1	40	84	小规模试验厂的基数
小规模试验厂	2	40	92.6	基数的 1.5 倍
MSCPA	1	70	90	MSCPA 的基数
MSCPA	2	70	96.5	基数的 1.47 倍

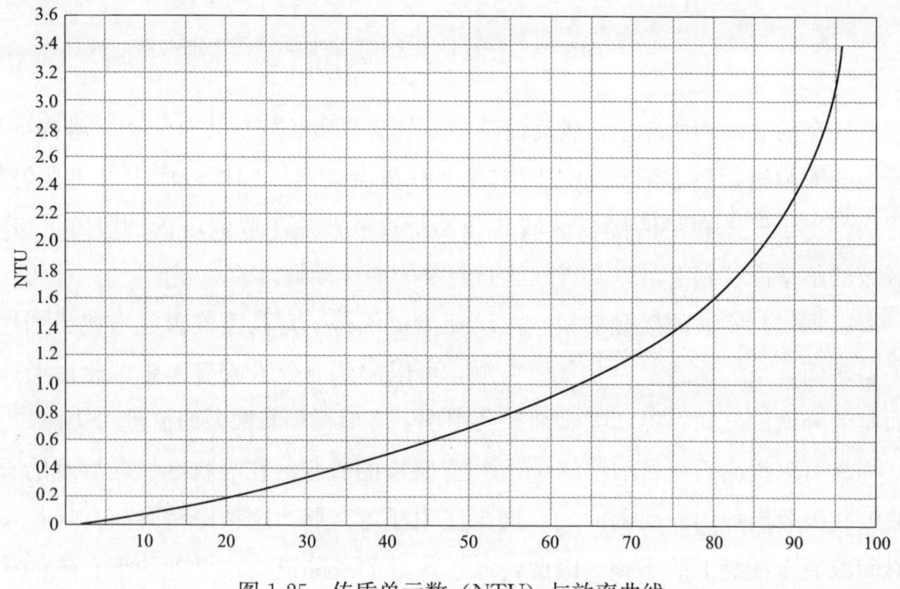

图 1-25 传质单元数（NTU）与效率曲线

（二）旋汇耦合脱硫技术

旋汇耦合器是旋汇耦合技术的关键部件，是基于多相紊流掺混的强传质机理，利用气体动力学原理，通过特制的旋汇耦合装置产生气液旋转翻腾的湍流空间，气液固三相充分接触，降低气液膜传质阻力，提高传质速率，迅速完成传质过程，从而达到提高脱硫效率的目的。旋汇耦合脱硫塔示意图见图 1-26。旋汇耦合器示意图见图 1-27。

旋汇耦合技术特点如下：

(1) 均气效果好。吸收塔内气体分布不均匀，是造成脱硫效率低和运行成本高的重要原因，安装旋汇耦合器的脱硫塔，均气效果比一般空塔提高 15%～30%，脱硫装置能在比较经济、稳定的状态下运行。

(2) 传质效率高。烟气脱硫的工作机理，是 SO_2 从气相传递到液相的相间传质过程，传质速率是决定脱硫效率的关键指标。经过脱硫公司几年的反复试验，获得在不同环境、工艺技术条件下的技术参数，并以试验获得的参数为基础，开发生产关键设备，以达到增加液气接触面积、提高气液传质效率的目的。

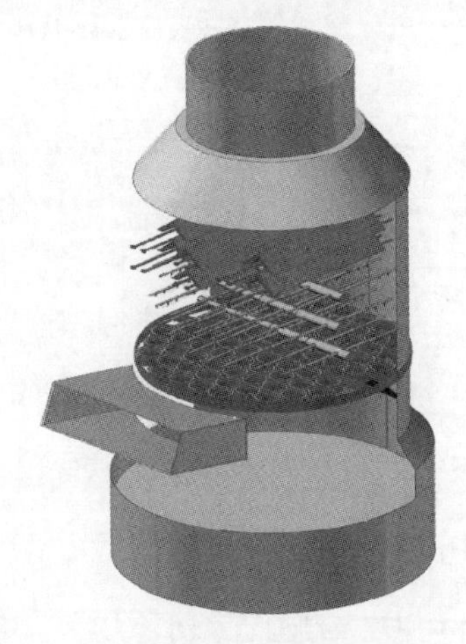

图 1-26 旋汇耦合脱硫塔示意图

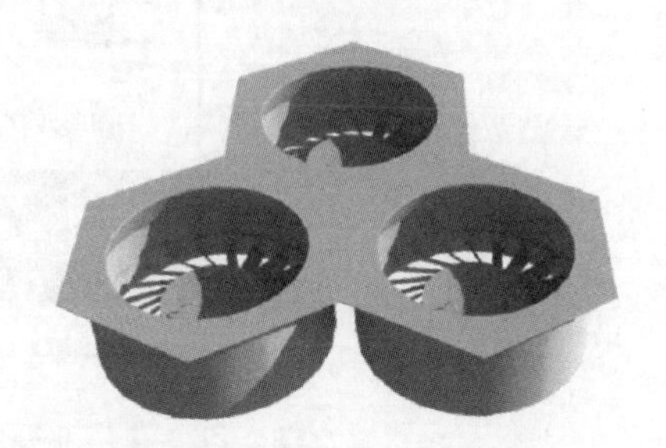

图 1-27 旋汇耦合器示意图

（3）降温速度快。从旋汇耦合器端面进入的烟气，通过旋流和汇流的耦合，旋转、翻覆形成湍流都很大的气液传质体系，烟气温度迅速下降，有利于塔内气液充分反应，各种运行参数趋于最佳状态。

（4）适应范围宽。由于降温速度快，有效的保护脱硫塔内壁防腐层，提高脱硫系统安全性。较好的均气效果，受气量大小影响较小，系统稳定性强。脱硫效率高，受原烟气二氧化硫含量变化影响小，煤种范围宽。石灰石粒度 200～325 目均可。

（三）单塔双循环脱硫技术

龙源环保在引进国外双循环技术的基础上自主研发单塔双循环高效脱硫技术，并首次在国内运用，后针对改造项目开发出双塔双循环技术，而其他脱硫公司也根据此推出串塔脱硫技术。单塔双循环脱硫塔基本原理及结构示意图见图 1-28。单塔双循环脱硫塔示意图见图 1-29。

单塔双循环脱硫技术实际上是相当于烟气通过两次 SO_2 脱除过程，经过两级浆液循环，烟气经过两次脱硫喷淋吸收区。两级循环分别设有独立的循环浆池、喷淋层，根据不同的功能，每级循环具有不同的运行参数。烟气首先经过一级循环（一级吸收区），此级循环的脱硫效率一般控制在 70%～90%，循环浆液 pH 值控制在 4.8～5.4，循环浆液停留时间不低于 4.5min，此级循环的主要功能是保证优异的亚硫酸钙氧化效果和石灰石的充分溶解，以及保证充足的石膏结晶时间。根据相关资料，在酸性环境下（pH＝4.5）时，氧化效率是最高的。特别是对于高硫煤，氧化空气系数可以大幅降低，从而大幅降低氧化风机的电耗，并且同时可以提高石膏品质（含水低，石膏粒径大）。经过一级循环的烟气直接进入二级循环（二级吸收区），此级循环实现最终的脱硫洗涤过程，由于不用追求亚硫酸钙的氧化彻底性和石灰石溶解的彻底性，同时也不用考虑石膏结晶大小问题，因此 pH 值可以控制

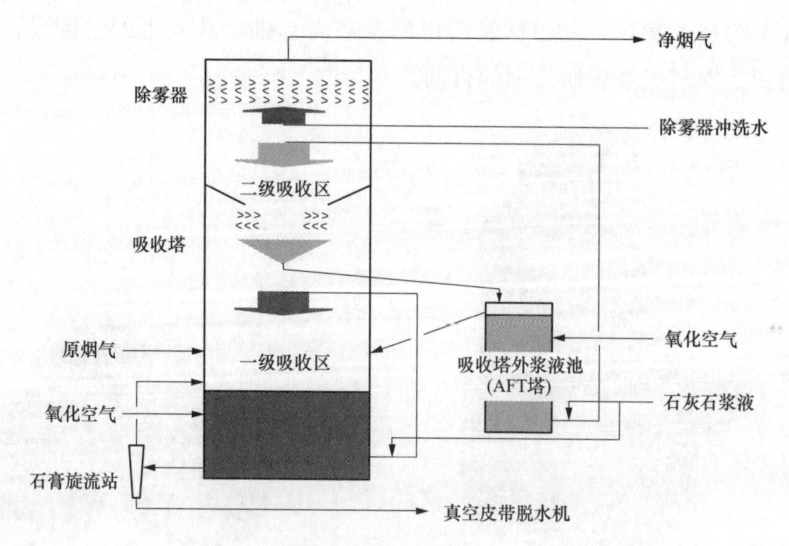

图 1-28　单塔双循环脱硫塔基本原理及结构示意图

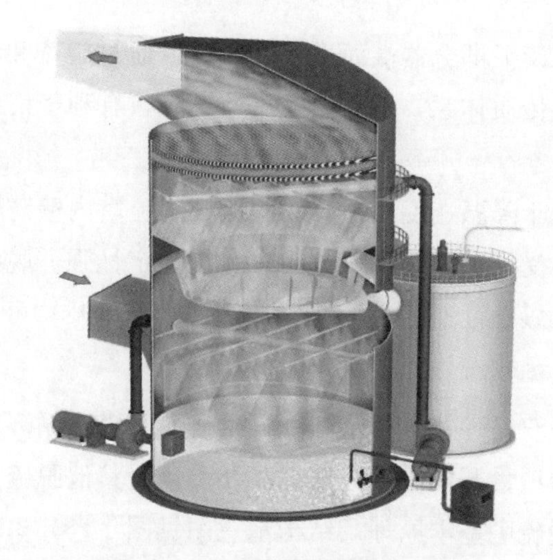

图 1-29　单塔双循环脱硫塔示意图

在较高的水平，达到 5.8～6.2，这样可以大幅降低循环浆液量。

双循环脱硫系统具有如下特点：

(1) 系统浆液性质分开后，可以满足不同工艺阶段对不同浆液性质的要求，分步控制工艺反应过程，特别适合于高含硫量项目或者对脱硫效率要求特别高的项目。

(2) 两个循环过程的控制是独立的，避免参数之间的相互制约，可以使反应过程更加优化，以便快速适应煤种变化和负荷变化。

(3) 高 pH 值的二级循环在较低的液气比和电耗条件下，可以保证很高的脱硫效率，目前在入口标准状态下 SO_2 浓度 13000mg/m^3 的情况下可以达到超低排放 35mg/m^3 的要求，脱硫效率高达 99.8%。

(4) 低 pH 值的一级循环可以保证吸收剂的完全溶解以及很高的石膏品质，并大幅提高氧化效率，降低氧化风机电耗。

(5) 对 SO_2 含量的小幅变化和短时大幅变化敏感性不大。

(6) 一级循环中可以去除烟气中易于去除的杂质，包括部分的 SO_2、灰尘、HCl、HF，那么杂质对二级循环的反应负影响将大幅降低，提高二级循环效率。

(7) 石灰石浆液在工艺中的流向为先进入二级循环再进入一级循环，两级工艺延长了石灰石在塔内的停留时间，特别是在一级循环中 pH 值很低，实现颗粒的快速溶解，可以实现使用品质较差的石灰石或可以较大幅度地提高石灰石颗粒度，降低磨制系统电耗。由于提高石灰石的利用率，使钙硫比实现低于 1.02 成为现实的可能。

对于燃用低硫煤和脱硫效率较低的项目，双循环技术其建设成本要高于单循环技术，而且其高效、节能、稳定等优点无法凸显。在燃煤硫分低于 1%或者效率低于 99%情况下推荐采用单循环技术，此时双循环技术建设成本高于单循环技术为 10%～15%，而双循环节能优势不明显；而在燃煤硫分 2%或者脱硫效率 99.5%时采用双循环技术，此时双循环建设成本与单循环技术相当甚至略低，其运行电耗可节省 10%～15%。在两者之间一个临界区域，双循环技术建设成本略高于单循环技术，运行电耗略低，需要做经济性分析。单循环与双循环技术的选择与燃煤硫分的关系见图 1-30。

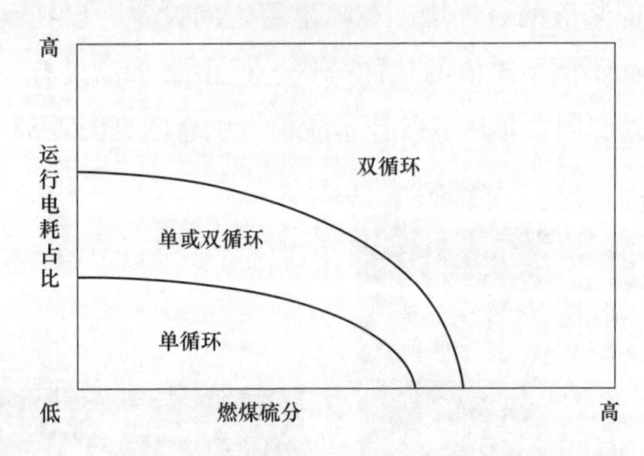

图 1-30 单循环与双循环技术的选择与燃煤硫分的关系

（四）双塔双循环脱硫技术

双塔双循环技术是在单塔双循环技术上的发展和延伸，技术原理与单塔双循环类似。采用两级塔串联运行，两个吸收塔中各自都设置喷淋层、氧化空气分布系统、氧化浆液池。烟气先进入一级塔预洗脱除部分 SO_2 和其他污染物后，再进入二级塔脱除剩余的污染物。系统复杂，占地较大，对工程造价及设备能耗方面均需要较大的代价，在推广应用过程中性价比无法与单塔相比较。但随着排放指标的日趋严格，双循环技术逐渐在湿法脱硫中占有一席之地。此技术非常适用于高含硫煤和高脱硫效率的改造或新建工程。在改造工程中工期短，基本不需要专门停机改造，预留 15 天的停机接口工期即可。同时对煤种适应性较高，排放指标稳定优点，燃煤硫分高的电厂，通过改造实现双塔双循环的案例较多。双塔双循环脱硫塔示意图见图1-31。

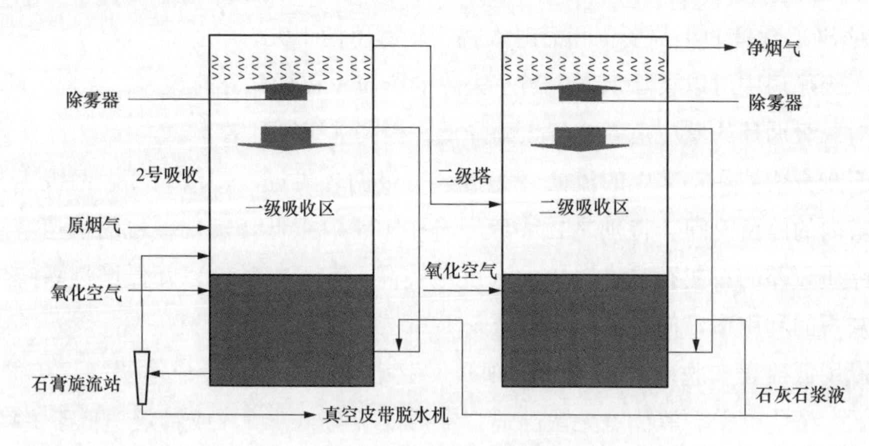

图1-31　双塔双循环脱硫塔示意图

（五）单塔多区技术

早期叫作单塔双区技术，后改为单塔多区技术，其采用类似双循环的理论，其原理是在吸收塔浆池设置池分离器，分离器上下由于浆液不均匀性形成不同的pH值，以满足氧化和吸收过程所需的不同浆液酸碱环境。在喷淋层之间设置一层托盘，上下喷淋层分区取自浆池顶部和底部，从而不同pH值的功能分区。但由于浆池只有一个，没有严格的物理隔离，其上下pH值相差有限。单塔双区技术脱硫塔示意图见图1-32。单塔多区技术特点：

图1-32　单塔双区技术脱硫塔示意图

(1) 脱硫效率高，塔外无须任何附加脱硫设施，节约脱硫成本，节省占地面积。

(2) 吸收塔浆液池分为氧化结晶区和吸收区两个区域，其中，上部氧化区的pH值为4.9～5.5，可生成高纯度石膏，下部吸收区的pH值为5.3～6.1，实现高效率脱除SO_2。

(3) 分区结构简单实用，并在超低排放要求时采用适当的增容措施，促进氧化和吸收过程，实现高效脱硫。

(4) 塔内设置提效环、均布器、导流栅、导流环等构件，优化流场，强化氧化和吸收过程，促进反应和传质效果，提高协同脱除效率，实现高效深度脱硫效果。

(5) 配套射流搅拌和分区隔离板、分区隔离器等结构，避免浆液结垢，促进不同的功能区高效工作，实现对 SO_2 的高效脱除，生成高纯度副产物。

(6) 浆池容积可调节，满足不同的脱硫要求，调节停留时间，实现高效深度脱硫。

对于石灰石-石膏湿法烟气脱硫技术，无论是采用双循环还是单循环强化，其区别仅在吸收塔系统，公用系统并无区别，因此仅针对于吸收塔系统进行比较分析。高效脱硫技术对比情况见表 1-15。

表 1-15　高效脱硫技术对比情况

工艺/项目	托盘技术	旋汇耦合技术	单塔双循环	双塔双循环	单塔多区技术
工艺原理	在一个脱硫塔内设置单/双层托盘，增加气液传质效率，实现高效脱硫	在一个脱硫塔内设置旋汇耦合装置，增加气液传质效率，实现高效脱硫	原烟气在一个塔内经过一级、二级循环的串联吸收，能够实现对两级吸收浆液氧化结晶、高脱硫效率等不同功能的物理划分，同时能够实现分别控制两个独立浆池的 pH 值、液位、密度等	原烟气在两个塔内经过一级、二级循环的串联吸收，能够实现对两级吸收浆液氧化结晶、高脱硫效率等不同功能的物理划分，同时能够实现分别控制两个独立浆池的 pH 值、液位、密度等	在一个吸收塔内通过设置池分离器实现 pH 值分离，另外喷淋层中间设置多空分布器（类似托盘）实现喷淋区域分离的双循环的脱硫工艺
工艺特点	优点：流场相对均匀、气液传质较好；在一定条件下能够实现高效脱硫；系统流程较短，操作简单方便。 缺点：塔内较为复杂，增加结垢的风险；不适用于高硫煤	优点：流畅均匀、气液传质较好；在一定条件下能够实现高效脱硫。 缺点，塔内较为复杂，增加结垢的风险；系统阻力较大，运行费用较高；低负荷时，旋汇耦合效果较差	优点：真正地实现一级循环和二级循环浆液的物理隔离，脱硫率高：≥99.6%以上、流场均匀、工艺成熟、适合所有煤种、操作稳定、操作弹性好，调节范围广。 缺点：投资稍高；占地面积较大、系统复杂	优点：真正地实现一级循环和二级循环浆液的物理隔离，脱硫率高：≥99.6%以上、工艺成熟、适合所有煤种、操作稳定、操作弹性好；适用于停机时间较短的改造项目。 缺点：工艺流程较长，投资较高；占地面积较大，运行阻力较大	优点：多孔性分布器类似于巴威公司技术的托盘技术，通过设置托盘提高气液湍流强度，相当于增加喷淋层，能够提高脱硫效率。同时对流场有一定的均布作用。 缺点：附属结构较多，增加结垢的风险；托盘阻力较大，运行费用较高

续表

工艺/项目	托盘技术	旋汇耦合技术	单塔双循环	双塔双循环	单塔多区技术
技术成熟度	成熟	较成熟	成熟	成熟	较成熟
脱硫效率	99%	99%	99.6%	99.6%	98%
负荷适应性	一般	差	好	好	一般
工程业绩	多	中	多	中	少
适用煤质	中低硫煤	中低硫煤	中高硫煤	中高硫煤	中低硫煤
结垢堵塞	较重	重	较轻	较轻	较重
操作性	一般	较难	容易	容易	容易
运行灵活性	好	差	好	好	一般
占地面积	小	小	较大	大	小
应用前景	好	一般	好	好	差

二、高效脱硝技术

（一）涡流混合技术

传统的格栅式氨混合器，其工作原理是喷氨格栅安装于通向SCR反应器的烟道内部，由若干个垂直布置的还原剂喷管和水平布置的还原剂喷管组成，管上设有一定量的喷嘴。每路还原剂喷管都设有调节装置，让喷入的氨分布和烟气中 NO_x 的分布尽量匹配，使氨氮摩尔比尽量均匀。

然而经过长期运行发现，由于格栅式混合器占烟道面积大，因此阻力较大，系统的压力损失较大。同时，喷嘴堵塞现象时有发生，造成氨混合不均匀，进而严重影响脱硝效率，而且系统调节非常复杂，易发生故障。

为改善上述问题，由龙源环保发明出一种烟气脱硝涡流混合器及涡流混合的方法，提高烟气脱硝混合效果和脱硝效率。该技术主要在于新增烟气脱硝涡流混合器，包括置于烟道内的混合元件和插入烟道内的还原剂喷管，其特征在于：上述混合器元件置于烟道内，由支撑梁和烟道壁板固定连接，混合元件的背流面为平面，该背流面与烟气流动方向的夹角为10°～90°，且正对还原剂喷管的喷口，但不与还原剂喷管的喷口相接触，混合元件的向流面朝向流体的流动方向。其技术特点主要为将烟气脱硝涡流混合器和混合元件斜置于与SCR反应器顶部连通的烟道内，将还原剂喷管从烟道壁插入烟道内，使混合元件的向流面朝向烟气的流动方向，使混合元件的背流面正对还原剂喷管的喷口，且不相接触，使还原剂从还原剂喷管的喷口喷射到混合元件背流面，还原剂氨从混合元件中心，均匀分布到整个背流面，并扩散至混合元件边缘，在混合元件的向流面，烟气进入烟道，后受混合元件向流面的阻挡发生扰动，在混合元件周边形成涡流，在斜置的混合元件两端形成压差，引起两端涡流的不平衡，在形成的涡流中，使还原剂氨与烟气混合均匀。涡流混合技术流程见图 1-33。

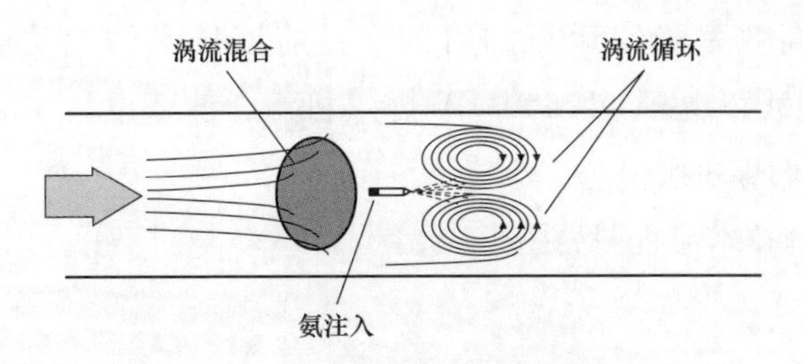

图 1-33 涡流混合技术流程图

（二）脱硝精准喷氨技术

电力行业超低排放后，部分电厂出现氨消耗量增大，导致氨逃逸高，空气预热器阻力升高，引送风机电耗增加，机组提升负荷困难等问题。过量喷氨的原因主要有：

（1）当催化剂活性不足或流场不均时，难以同时保证出口氮氧化物浓度和氨浓度达标，此时如果只关注出口氮氧化物浓度，势必导致过量喷氨，氨逃逸严重。

（2）脱硝系统运行管理水平欠缺，在实际运行过程中，大部分电厂运行人员都以手动调节代替阀门自动调节当机组入口 NO_x 波动较大或机组负荷低时，喷氨自动控制会出现调节不及时的情况，容易造成喷氨过量。

（3）现有环保管理政策并不考核氨的排放，电力行业虽然对氮氧化物排放量提出越来越严格的指标，但是对脱除氮氧化物造成的“氨逃逸”却至今未出台明确的标准。

（4）现有的氨在线监测仪表准确度不能满足要求：氨逃逸检测存在灵敏度不够、校正难，以及只能监测氨逃逸中的气态氨等问题，导致精度无法满足要求。

（5）现有的氨在线监测方法不能满足要求：目前氨逃逸监测仪表的测量方式主要有激光抽取式、激光原位对穿、原位渗透测量、化学发光法，四种测量方法在实际应用中都存在相应的不足，无法准确在线测量氨浓度。

目前国内市场上存在几种脱硝喷氨优化解决方案，原理基本相同，均是在脱硝流场优化设计的基础上，将反应器入口、出口对应划分成多个分区，在入口分区喷氨支管上设置调节阀，在反应器出口各个分区按序轮测 NO_x 浓度，用此指导喷氨调整。该方法一般所需调整周期长、实时性较差、效率较低、滞后性较为明显；另外，此方法只是简单将反应器出口分区测量值与入口分区在线喷氨调节量线性匹配，调整策略较为初级。

当前煤电机组全面推进超低排放、环保设施进入精细化运维的形势下，现有催化剂管理模式难以满足 SCR 脱硝装置运行的稳定性、可靠性、经济性要求。多家环保企业已围绕该需求投入研究，龙源环保自主研发成功的大数据人工智能 i-SCR 测量及控制系统，通过大数据、人工智能等新技术，强化测试诊断、优化流场设计、分区喷氨优化、出口取样测量和智能控制等手段，在现有烟气 NO_x 超低排放技术的基础上，实现烟气成分跨越时空限制的精确测量、智能控制脱硝系统喷氨等，提高烟气流场均匀性和单位氨气脱硝比例，解决脱硝系统局部氨逃逸过大、烟气成分检测不准、NO_x 无法实现稳定排放等难题，达到脱硝系统节氨、节能、高效率稳定运行的目的。目前该技术已成功应用在霍州电厂 2×600MW 燃煤机组、大武口电厂 1×600MW 燃煤机组、谏壁电厂 1×1000MW 燃煤机组、衡丰电厂 2×600MW 燃煤机组。

脱硝精准喷氨系统技术流程图见图 1-34。

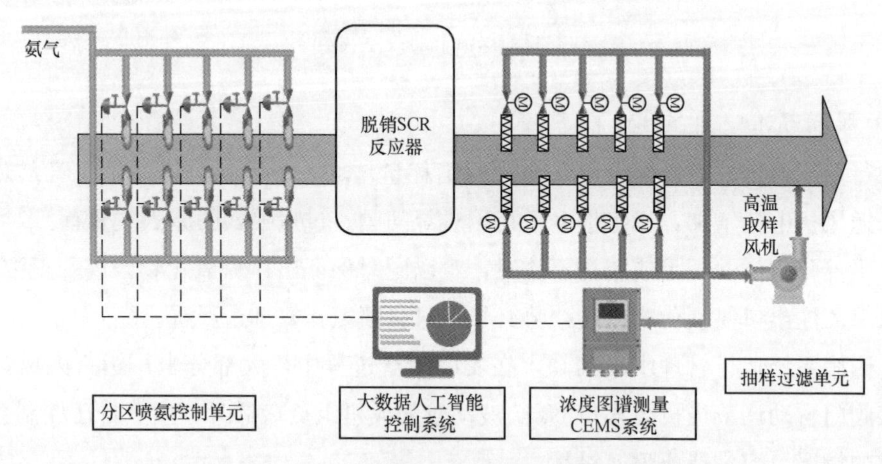

图 1-34　脱硝精准喷氨系统技术流程图

本系统功能主要由三部分组成。

(1) 浓度图谱测量 CEMS 系统。根据脱硝入口氨喷嘴配置特征，结合脱硝出口烟道实际尺寸，按脱硝出口烟道分区，灵活布置对应数量的多束探杆式取样探头，该装置既能抽取到均匀混合后具有代表性的样气，结合大数据人工智能控制系统实现实时喷氨总量控制，同步巡测取样各分区的样气，及时掌握 SCR 脱硝出口污染物浓度分布特征，准确响应，进行分区精准喷氨，极大提高脱硝精准喷氨的准确性。

工作模式有“均匀混合取样”和“分区巡测取样”两种；“均匀混合取样”模式下样气由加热取样管线连接多束探杆式取样探头、取样阀进入预处理装置，并由取样管线连接经过均匀混合装置，由总取样泵抽取至均匀混合分析仪，完成代表整个烟道内均匀混合样气的污染物浓度分析测量；“分区巡测取样”模式下按分区序号依次将分区巡测取样三通电磁阀从废气收集侧切换至分区巡测取样侧，烟气由取样管线连接，从对应分区预处理装置中的巡测取样三通经过分区巡测取样三通电磁阀、由分区巡测取样泵抽取至分区巡测分析仪，完成各分区样气的污染物浓度分析测量；该装置可通过调整好预处理装置中分区取样泵、均匀混合装置中混合室常开式排气排污口、均匀混合分析装置中总取样泵和分区巡测分析装置中分区巡测取样泵四个装置的样气流量关系，即可实现“均匀混合取样”和“分区巡测取样”两种取样模式同步测量，互不影响，既能实时抽取到均匀混合后具有代表性的样气，进行喷氨总量控制，又能同步巡测取样各分区的样气，及时掌握 SCR 脱硝出口污染物浓度分布特征，进行分区精准喷氨。分区矩阵取样测量见图 1-35。

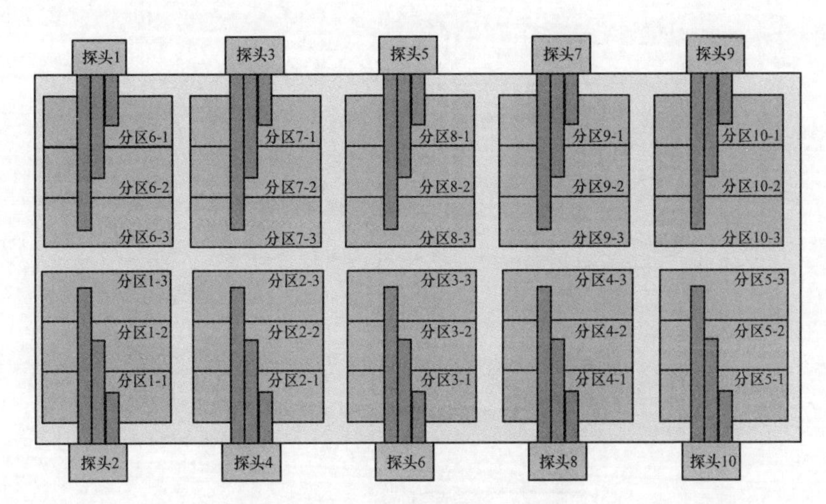

图 1-35　分区矩阵取样测量

(2) 大数据人工智能控制系统。系统配置工控机一台，双网卡通信，实现与脱硝 DCS 系统数据、指令通信传输。通过大数据学习，对脱硝装置出口的氮氧化物浓度图谱进行分析，并引接锅炉燃烧信号、负荷信号等测点数据作为前馈，采用喷氨优化算法和自建数值模型，形成总喷氨量预判指令，结合调试人员在脱硝喷氨均匀性调整上的工程经验，建立喷氨支管实时调整机制，并将喷氨量调整指令经由 DCS 系统同步传输给各个喷氨支管。由此达到控制总管喷氨量、各喷氨支管喷氨量的目的，实现在不同负荷状态下根据反应器界面氮氧化物浓度分布特征，精确调整喷氨支管开度、控制各支管喷氨量，实现氮氧化物与喷氨量的实时匹配，降低喷氨量和氨逃逸，实现脱硝装置的精细智能喷氨控制。

分区优化控制技术是根据脱硝出口各分区 NO_x 浓度分布情况和各喷氨支管开度，动态分析喷氨支管开度与脱硝出口分区 NO_x 浓度之间的权重关系，根据权重关系及分区 NO_x 浓度与混测值的偏差实时对喷氨量分配进行动态调节，从而实现分区支管的自动控制调节。针对变负荷工况下分区波动大，且分区波动不一致的情况，开发了基于大数据的智能巡测算法，取代常规的分区顺序巡测方式，根据分析预测结果提供的巡测顺序，对当前工况下波动较大的分区进行优先测量和快速调整，有效避免工况波动较大的情况下，由于分区巡测不及时导致不等率较高的问题。分区优化控制示意图见图 1-36。

总量优化控制技术是通过大数据分析方法和机器学习算法，引入锅炉负荷、炉膛总风量、各磨煤机给煤量、各一次风速等前馈信号，自建大数据动态数学控制模型，形成总喷氨量预判指令，同时将脱硝 A/B 侧出口 NO_x、总排口 NO_x 等作为控制目标进行多目标动态跟踪，实时对喷氨量的预测目标进行动态调整，并对脱硫与脱硝出口 NO_x 的偏差进行自动动态修正，实现烟囱总排口 NO_x 的稳定排放。总量优化控制示意图见图 1-37。

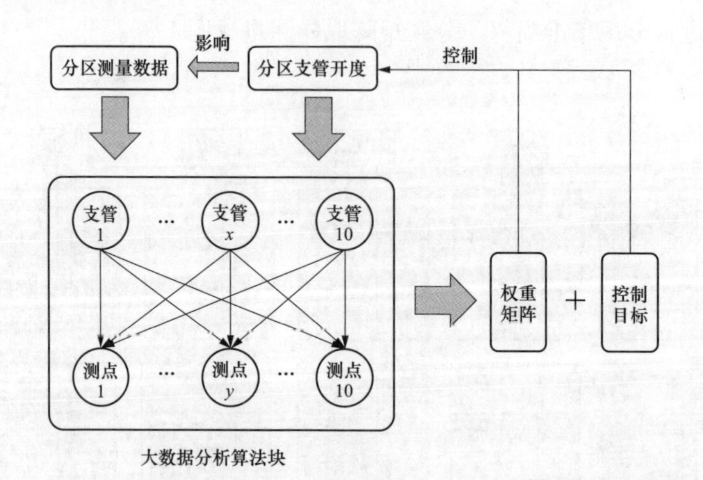

图 1-36　分区优化控制示意图

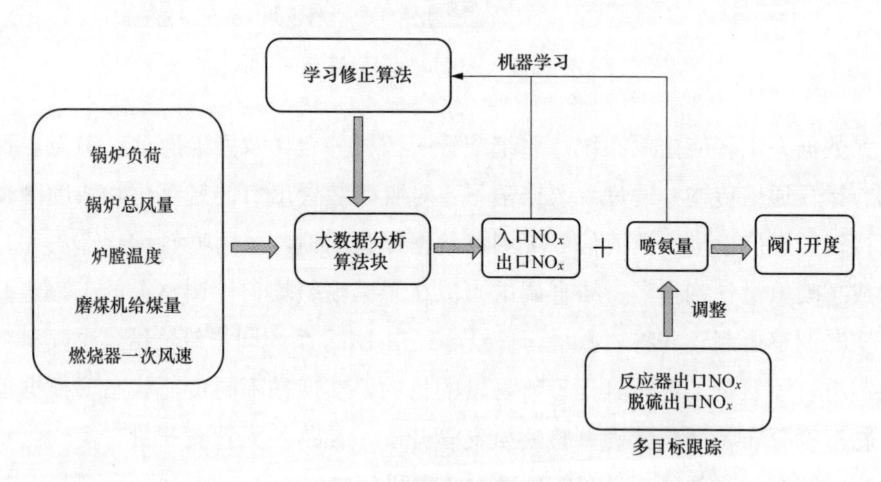

图 1-37　总量优化控制示意图

（3）分区喷氨控制单元。每个反应器分区布置一套驻涡混合板或者喷氨格栅，每个喷氨支管设置电动调节阀，保证脱硝 SCR 前烟道的喷氨具备分区调整的功能，可根据来流氮氧化物的变化实现“前后左右”不同区域的喷氨量调节，保证氮氧化物与氨的浓度匹配，保证氨氮摩尔比在合理范围内。

第二章　烟气脱硫安全运行与优化

第一节　脱硫系统启停与调整

在生产活动中，脱硫系统的启动、停止、调整，是由运行人员在集控室通过 DCS 的操作员站来实现，从而完成生产目标。主机启动、停止时，脱硫系统要通过既定的操作程序，完成脱硫装置的启动、停止操作。脱硫系统既要根据锅炉的负荷、烟气参数变化，又要根据脱硫设备运行方式及指标变化，通过对脱硫系统的设备运行方式、指标参数进行调整控制，保证机组的安全运行，实现脱硫系统安全运行和环保达标排放的目标。

一、脱硫系统启动的基本要求

为保证脱硫系统顺利启动及长周期安全、稳定、经济运行，在启动前必须对各阀门、管道、箱、罐、表计、设备等进行单体和分系统的全面检查和试验。

脱硫系统启动前应符合的基本要求见表 2-1。

表 2-1　脱硫系统启动前应符合的基本要求

序号	基本要求
1	检修工作全部结束，检修现场已清理干净，检修人员已全部撤离现场，所有设备齐全、完好，检查脱硫工作票已全部终结
2	检查脱硫现场照明充足，各通道畅通，楼梯栏杆齐全牢固，各沟道滤网齐备完好、畅通，盖板齐全
3	检查各箱、罐、仓、塔、坑、地沟、烟道内部清理干净，无遗留物，各人孔门检查后关闭
4	检查各电气、机械设备地脚螺栓齐全紧固，防护罩严密、完整，连接件及紧固件正常、牢靠，油质、油位正常油镜清晰，各表计指示正确
5	检查水系统各管道连接紧固、保温完整、阀门灵活严密，水质、水量正常，表计指示正确
6	检查各手动门、电动门、气动门开闭灵活，关闭严密，位置正确，状态正常
7	检查就地控制盘及所安装设备工作良好，指示灯正确
8	检查各配电室设备工作良好，状态指示正常，无异味，无异响，无异常报警信息
9	检查各显示仪表、变送器、传感器工作正常，位置正确，与 DCS 信息一致
10	检查 DCS 投入，各组态参数正确，测量、显示、调整动作正常
11	检查 CEMS 系统运行正常，各表计、开关、指示灯状态正确

箱、罐、塔、坑的检查要求见表 2-2。

表 2-2　　箱、罐、塔、坑的检查要求

序号	基本要求
1	检查各箱、罐、塔、坑外形完好，各焊口焊接牢固
2	检查各箱、罐、塔、坑防腐层无鼓包、脱落、裂缝
3	检查各箱、罐、塔、坑膨胀节无破损、泄漏，安装牢固、膨胀自由
4	检查吸收塔喷淋梁、喷淋支管、喷嘴连接牢固，无磨损、无裂纹、无老化、无腐蚀，各喷嘴完好、无堵塞
5	检查除雾器连接牢固，无老化、无腐蚀、无破损、无堵塞、无塌陷
6	检查除雾器冲洗水嘴安装牢固、齐全，角度正确、无堵塞

烟气挡板门及密封风系统的检查要求见表 2-3。

表 2-3　　烟气挡板门及密封风系统的检查要求

序号	基本要求
1	查原、净烟气挡板门安装完好，关闭严密，闭锁装置正常
2	检查烟气挡板门执行机构良好，开关灵活无卡涩，各连杆、拐臂连接牢靠，位置指示正确，与 DCS 信息一致，并处于“远程”控制方式
3	检查密封风机滤网无堵塞，外形完好，转动灵活、无卡涩，地脚螺栓紧固，防护罩严密、完整、牢靠
4	检查电加热器完好，各状态指示灯正常
5	检查各膨胀节完好，无破损、泄漏，安装牢固、膨胀自由
6	检查烟道防腐层无鼓包、脱落、裂缝，烟道疏水畅通、无泄漏

转动机械的检查要求见表 2-4。

表 2-4　　转动机械的检查要求

序号	基本要求
1	检查设备油质良好，油位及油镜清晰完好。各油箱油位在正常范围内，电加热器完好，过滤器安装正确，切换灵活
2	检查并投入设备冷却水、机械密封水，确认管道通畅，水量正常
3	检查联轴器连接牢靠，旋转灵活不卡涩，防护罩严密、完整，牢靠
4	检查转动机械周围无积油、积水、杂物
5	检查电动机绝缘合格，电源线、接地线连接良好，旋转方向正确。状态指示灯完好
6	检查线圈、轴承测温、测振装置连接紧固，测量装置完好、可靠
7	检查各冷油器、冷却风机进出口畅通，连接牢固，滤网干净无异物
8	检查各传动皮带轮连接牢固，皮带无打滑、跑偏现象
9	检查设备事故按钮完好，防护罩完好、牢靠

各类泵的检查要求见表 2-5。

表 2-5 各类泵的检查要求

序号	基本要求
1	检查各泵吸入口滤网清洁无杂物堵塞
2	检查各泵机械密封装置完好，无泄漏
3	检查各泵油质良好、油位正常、油镜清晰
4	检查各泵联轴器连接牢靠，旋转灵活不卡涩，防护罩严密、完整、牢靠
5	检查各电源线、接地线应连接良好
6	检查离心泵启动前必须有足够的液位，其入口阀应全开。泵出口阀未开不允许长时间运行水泵

增压风机的检查要求见表 2-6。

表 2-6 增压风机的检查要求

序号	基本要求
1	检查风机进出口烟道已经清理干净
2	检查轴承箱的油位应正常，油量不足时应及时补油
3	检查增压风机的热工检测仪表接线完整投入
4	用手动、DCS 远方操作增压风机导叶调节，检查开度与指示值是否相符，动作是否灵活
5	增压风机轴承冷却风机联锁跳闸试验正常
6	紧急事故按钮试验正常

湿式球磨机的检查要求见表 2-7。

表 2-7 湿式球磨机的检查要求

序号	基本要求
1	检查减速机、传动装置、筒体螺栓及大齿轮连接螺栓牢固，进/出口导管法兰等螺栓应紧固、完整
2	检查湿式球磨机周围应无积浆、杂物，人孔门应严密关闭
3	检查大齿轮润滑油系统各油、气管道，支吊架完好，油管、气管无堵塞、漏气、漏油等现象，大小齿轮内已加入足够的润滑油
4	检查冷却水管应畅通，冷油器外形正常，冷却水适量，无漏油、漏水现象
5	检查就地操作盘上的各表计、指示灯应完好齐全
6	检查湿式球磨机出口格筛完好，清洁无杂物堵塞，其杂物斗内无杂物

振动给料机及除铁器的检查要求见表 2-8。

表 2-8 振动给料机及除铁器的检查要求

序号	基本要求
1	检查卸料斗格栅完好，无破损、无杂物
2	检查振动给料机机座及减震弹簧完好、牢固，各支架连接牢固，无松动
3	检查振动给料机进、出口畅通，无严重磨损，无石灰石板结

斗式提升机的检查要求见表 2-9。

表 2-9 斗式提升机的检查要求

序号	基本要求
1	检查斗提机竖井内无杂物，底部不积料
2	检查斗与链条连接完好、无松动，各料斗无变形、磨损
3	检查斗提机无掉链现象，接头连接牢固，调紧装置灵活、正常
4	检查链条无损伤、驱动装置安装牢固，棘轮正常

布袋除尘器的检查要求见表 2-10。

表 2-10 布袋除尘器的检查要求

序号	基本要求
1	检查除尘器滤袋完好，无积灰，空气管道畅通，无堵塞
2	检查控制柜指示灯状态正常，标识齐全

氧化风机的检查要求见表 2-11。

表 2-11 氧化风机的检查要求

序号	基本要求
1	检查氧化风机外形正常，消声器、入口过滤器清洁无异物
2	检查隔声罩完好，排风扇正常
3	检查油质良好、油位正常、油镜清晰
4	检查冷却水通畅、流量正常
5	检查转动灵活，无卡涩，皮带无断裂、破损

石膏脱水系统的检查要求见表 2-12。

表 2-12 石膏脱水系统的检查要求

序号	基本要求
1	检查真空皮带脱水机滤布、驱动皮带、滑道无偏斜，各支架牢固，皮带上无剩余物，皮带张紧适当
2	检查皮带和滤布托辊转动自如，无卡涩现象
3	检查皮带主轮和尾轮完好，轮与带之间无异物。皮带和滤布应完好，无划伤或抽丝现象
4	检查真空皮带脱水机下料处滤布刮刀安装位置适当，下料口清理干净
5	检查真空皮带脱水机进浆分配管畅通、无堵塞
6	检查滤布冲洗水、滤饼冲洗水、皮带润滑水、真空室密封水管路畅通且无堵塞
7	检查纠偏气动执行机构，检查托辊的位移方向正确
8	检查并确认真空皮带脱水机变频器工作正常，将控制方式切换至“远程”
9	调整真空室高度适当，其调整装置应灵活，密封水密封良好，滑道密封水应适当
10	试转脱水机，检查其走路正常，张紧度适当，将走带速度逐渐增加至 100%，检查运转声音正常，确认皮带及滤布位置正常后，停止其运转

旋流器的检查要求见表 2-13。

表 2-13 旋流器的检查要求

序号	基本要求
1	检查各旋流子外形完好，安装正确，无破损、泄漏
2	检查各旋流子沉沙嘴无磨损、无堵塞，底流畅通
3	检查各旋流子溢流畅通无堵塞

废水处理系统的检查要求见表 2-14。

表 2-14 废水处理系统的检查要求

序号	基本要求
1	检查系统无检修工作，各阀门、法兰无泄漏
2	检查各手动门均处于关闭状态
3	检查各计量箱内有足够的药液，其浓度在规定范围内
4	检查碱加药系统、酸加药系统、有机硫加药系统、混凝剂加药系统、絮凝剂加药系统无检修工作，各阀门、法兰无泄漏

脱硫系统启动前试验主要内容见表 2-15。

表 2-15 脱硫系统启动前试验主要内容

序号	试验内容
1	各类箱、罐、管道、阀门严密性试验
2	重要设备开关电气试验
3	主要转动设备冷态及带负荷试验
4	事故喷淋、除雾器冲洗试验
5	烟气监测系统、热控仪器及仪表校验
6	电（气）动阀门开关试验
7	脱硫声光报警试验
8	脱硫主设备、主保护传动保护试验

二、脱硫系统的启动和停止

脱硫系统的启停根据情况分为不同的类型，按照停运时间一般分为短时停运、短期停运和长期停运，短时停运指在 24h 以内的停运、短期停运指在 7 天以内的停运、长期停运指超过 7 天的停运。脱硫系统的启动同样分为短时停运后启动、短期停运后启动和长期停运后启动。

（一）脱硫系统的短时停运和启动

短时停运，所有设备处于热备用状态，各塔、箱、罐、坑液位按要求控制，具备随时启动的条件。应停止运行的设备和系统有：烟气系统、石灰石浆液制备及供给系统、氧化风系统、吸收系统的浆液循环泵；应继续运行的设备和系统有：工艺水系统，事故排空系统的地坑泵，各塔、箱、罐、坑搅拌器；根据生产需要可运行的设备和系统有：一二级脱水系统、废水处理系统。

1. 短时停运

（1）烟气系统。原、净烟气挡板门应保持全开状态，增压风机停运。

（2）吸收系统。根据工况停运浆液循环泵，停运后冲洗并排空管道，如有排地沟的机封水、冷却水需关闭（冬季-北方区域可将末端水阀打开），停止塔内补水和除雾器冲洗，各下层搅拌器运行，pH计退出运行，注水保养。

（3）氧化风系统。停运氧化风机，关闭氧化风管道冷却水，关闭氧化风机冷却水，冬季可适当调小水阀开度。

（4）石灰石浆液制备、供给系统。停止浆液配制，停泵后冲洗并排空管道，关闭供浆至浆液循环泵管道关断阀、调节阀，并将管道排空，关闭机封水。

2. 短时停运后启动

（1）烟气系统。原、净烟气挡板门在全开位置，DCS挂“禁操”状态，就地断电状态，浆液循环泵运行后启动增压风机。

（2）吸收系统。

检查循环泵具备启动条件，锅炉点火前至少启动一台浆液循环泵，其余循环泵根据运行工况启动，锅炉点火后pH计投入运行。

（3）氧化风系统。检查氧化风机具备启动条件，锅炉点火后启动氧化风机，打开氧化风管道冷却水。

（4）石灰石浆液制备、供给系统。检查供浆泵具备启动条件，冲洗供浆管道确认流量正常且回流管道畅通，锅炉点火后根据浆液pH值启动供浆泵，根据制浆箱液位进行浆液配制。

（二）脱硫系统的短期停运和启动

短期停运，所有设备应处于热备用状态，在不影响机组随时启动的情况下可对个别设备缺陷进行消除或设备维护，各塔、箱、罐、坑液位按要求控制。应停止运行的设备和系统有：烟气系统、石灰石浆液制备及供给系统、氧化风系统、吸收塔系统的浆液循环泵、一、二级脱水系统、废水处理系统、工艺水系统，应继续运行的设备和系统有：事故排空系统的地坑泵，各塔、箱、罐、坑搅拌器。

1. 短期停运

（1）烟气系统。原、净烟气挡板门应保持全开状态，增压风机停运。

（2）吸收塔系统。根据工况停运浆液循环泵后排空管道，冲洗管道并排放，夏季可不排放，如有排地沟的机封水、冷却水需关闭，冬季可将末端水阀打开，停止塔内补水和除雾器冲洗，各下层搅拌器运行，pH计退出运行，夏季注水保养，冬季拆除并将pH浆液缓冲箱排空。

(3) 氧化风系统。停运氧化风机，关闭氧化风冷却水，关闭氧化风机冷却水，冬季可适当调小水阀开度，启动吸收塔上层搅拌器。

(4) 石灰石浆液制备、供给系统。停止浆液配制，停运泵后冲洗管道，关闭供浆至浆液循环泵管道关断阀、调节阀，并将管道排空，关闭机封水，冬季将无法排空的管道在最低点解列。

(5) 石膏一、二级脱水系统。根据吸收塔浆液密度及脱水效果停运一、二级脱水系统，石膏排出泵管道冲洗后排空、机封水关闭，真空泵排放打开。

(6) 废水处理系统。废水设备全部停运，各泵管道冲洗后排空，关闭设备机封水。

(7) 工艺水、工业水系统。双机停运时将工艺水泵停运，单机停运时关闭工艺水至停运机组总水阀。所有循环泵停运后除雾器顺控冲洗1次，双机停运时将除雾器冲洗水泵停运，单机停运时关闭工艺水至停运机组总水阀。

2. 短期停运后启动

(1) 工艺水、工业水系统。打开工艺水总水阀和除雾器冲洗总水阀。

(2) 烟气系统。原、净烟气挡板门在全开位置，DCS挂“禁止操作”标志牌，就地断电状态，浆液循环泵运行后启动增压风机。

(3) 吸收塔系统。检查循环泵具备启动条件，锅炉点火前启动两台浆液循环泵，其余循环泵根据运行工况启动，锅炉点火后pH计投入运行。

(4) 氧化风系统。检查氧化风机具备启动条件，锅炉点火后启动氧化风机，打开氧化风管道冷却水，启动吸收塔上层搅拌器。

(5) 石灰石浆液制备、供给系统。检查供浆泵具备启动条件，解列管道已恢复，冲洗供浆管道确认流量正常且回流管道畅通，锅炉点火后根据浆液pH值启动供浆泵，根据制浆箱液位进行浆液配制。

(6) 石膏一、二级脱水系统。检查设备均具备启动条件，根据吸收塔浆液密度启动一、二级脱水系统。

(7) 废水处理系统。检查设备均具备启动条件，各加药罐液位在正常范围，脱水系统投运正常后根据浆液氯离子浓度投运废水处理系统，控制浆液氯离子浓度在20000mg/L以下。

(三) 脱硫系统的长期停运和启动

机组长期停运，该机组脱硫系统所有停运设备、管道冲洗完毕后排空，塔内浆液全部排空，单独运行的其他浆液罐均排空。应停止运行的设备和系统有：烟气系统、石灰石浆液供给系统、氧化风系统、吸收系统，公共系统的石灰石制备、石膏脱水、废水处理、工艺水、压缩空气系统等，公共系统对应各脱硫系统停运时，公共系统全部停止运行。继续运行的设备和系统是事故排空系统。

1. 长期停运

（1）烟气系统。原、净烟气挡板门应保持全开状态，增压风机停运，如有检修工作需要可关闭，事故喷淋水箱排空。

（2）吸收塔系统。根据工况停运浆液循环泵后排空管道，冲洗管道并排放，关闭机封水、冷却水，将水管道排空，停止塔内补水和除雾器冲洗，pH 计退出运行，拆除并将 pH 浆液缓冲箱排空。

（3）氧化风系统。停运氧化风机，关闭氧化风冷却水，关闭氧化风机冷却水，将水管道排空。

（4）石灰石浆液制备、供给系统。停止浆液配制，停运泵后冲洗管道，关闭供浆至浆液循环泵管道关断阀、调节阀，并将管道排空，关闭机封水并将水管道排空，冬季将无法排空的管道在最低点解列。

（5）石膏一、二级脱水系统。根据吸收塔浆液密度及脱水效果停运一、二级脱水系统，石膏排出泵管道冲洗后排空、机封水关闭并将水管道排空，真空泵排放打开。

（6）废水处理系统。废水设备全部停运，各泵管道冲洗后排空，关闭设备机封水。

（7）各塔、箱、罐排空，事故排空系统运行。

（8）工艺水、工业水系统。对应脱硫系统均停运时将工艺水泵停运，单机停运时关闭工艺水至停运机组总水阀。所有循环泵停运后除雾器顺控冲洗 1 次，双机停运时将除雾器冲洗水泵停运，单机停运时关闭工艺水至停运机组总水阀，将水管道全部排空，冬季无法排空的管道在最低点解列。

（9）压缩空气系统。关闭压缩空气储罐至停运机组关断阀，打开管道排放，压缩空气储罐定期疏水。

2. 长期停运后启动

（1）压缩空气系统。关闭压缩空气管道所有排放，打开压缩空气储罐总阀，检查压缩空气系统运行正常。

（2）工艺水、工业水系统。关闭水系统所有排放阀，恢复解列管道，打开工艺水总水阀和除雾器冲洗总水阀，检查水系统投运正常。

（3）各塔液位补充至规定范围内。

（4）石灰石浆液制备系统。检查石灰石浆液制备系统具备启动条件，制浆箱液位补充至规定范围。

（5）烟气系统。原、净烟气挡板门在全开位置，DCS 挂“禁操”状态，就地断电状态，事故喷淋水箱液位补充在规定范围，浆液循环泵运行后启动增压风机。

（6）吸收塔系统。检查循环泵具备启动条件，锅炉点火前启动一台浆液循环泵，其余循环泵根据运行工况启动，锅炉点火后 pH 计投入运行。

（7）氧化风系统。检查氧化风机具备启动条件，锅炉点火后启动氧化风机，打开氧化风管道冷却水，启动吸收塔上层搅拌器。

(8) 石灰石浆液供给系统。检查供浆泵具备启动条件，解列管道已恢复，冲洗供浆管道确认流量正常且回流管道畅通，锅炉点火后根据浆液 pH 值启动供浆泵。

(9) 石膏一、二级脱水系统。检查设备均具备启动条件，根据吸收塔浆液密度启动一、二级脱水系统。

(10) 废水处理系统。检查设备均具备启动条件，各加药罐液位在正常范围，脱水系统投运正常后根据浆液氯离子浓度投运废水处理系统，控制浆液氯离子浓度在 20000mg/L 以下。

三、压缩空气系统启停与调整

压缩空气系统主要为脱硫系统的除尘器、气动阀门、滤布纠偏、仪表吹扫等提供气源，主要设备有压缩空气储罐、压力调节阀等。

(一) 系统启动

(1) 空气压缩机系统各转动机械设备应满足启动条件。

(2) 设备及管道内应无积水和杂物。

(3) 启动空气压缩机、投入干燥器系统，疏水器正常。

(二) 运行调整

(1) 空气压缩机“最终温度”“最终压力”“气源压力”，排气温度保持在 82～96℃（超过 110℃自动停机）。

(2) 各压差表或真空表指针应指向绿色区域，如指针指向红色区域，说明过滤器或滤芯流阻大，应及时联系维护人员处理。

(3) 通风装置运转正常、滤网前后压差小于 0.05MPa，过滤器小于 0.01MPa，干燥器小于 0.05MPa。

(4) 空气压缩机及干燥器的指示灯无报警。储气罐压力与空气压缩机出口压力差，小于 0.1MPa。

(5) 干燥器压力与管路压力一致，再生压力是否低于 0.02MPa。

(6) 空气压缩机运行中各项参数不得超过极限值。

(7) 空气压缩机运行中发现电动机轴承温度升高或噪声增大立即关闭压缩机。

(8) 组合冷冻式干燥机进气温度不得超过 45℃。

(9) 干燥器在正常工作时的出口空气压力不得低于 4.5bar。

(三) 系统停运

(1) 停止空气压缩机及干燥器系统，或关闭主机至脱硫进气总阀。

(2) 排尽仪用/杂用空气余气和冷凝水。

四、 工艺/工业水系统启停与调整

工艺/工业水系统的主要作用是补充由于饱和烟气带水、副产品脱硫石膏结晶水及携带水、排放脱硫废水造成的水耗，为脱硫系统提供补充水、除雾器冲洗水、设备管道冲洗水、机封冷却水等。主要设备有工艺/工业水泵、自立式调节阀等。

（一）系统启动

(1) 检查工艺水箱外形正常，滤网无堵塞，液位指示正常，溢流管畅通，排放门应严密关闭。

(2) 检查工艺水至各个系统供水管道畅通，节流孔板无堵塞。

(3) 检查工艺水来水管道完好，管道及法兰连接完好无渗漏，出口各管道阀门开关指示正确，向工艺水箱注水。

(4) 打开工艺水箱底部排放门及工艺水泵、除雾器冲洗水泵入口管道排放门，对工艺水箱进行冲洗 3～5min，确认冲洗合格后关闭工艺水箱底部排放门及各泵入口排放门，向工艺水箱补水。

(5) 打开待运行泵的入口手动门。

(6) 当工艺水箱液位达到正常液位时，启动选定的一台工艺水泵运行，出口门打开，检查确认泵出口压力正常 0.6～0.7MPa、流量正常，打开泵出口管道回流门。

(7) 投入备用工艺水泵联锁，以便运行泵故障停运或泵出口压力过低时，备用泵自动启动。

(8) 工艺水箱补水门投自动控制，它根据设定的液位自动打开或者关闭。

（二）运行调整

(1) 工艺水泵、除雾器冲洗水泵出口管道压力正常，为 0.6～0.8MPa。

(2) 工艺水箱、除雾器冲洗水箱液位应控制在 4～6m 之间。

(3) 工艺水箱、除雾器冲洗水箱自动补水投入正常。

(4) 水用户开或关时，工艺水泵、除雾器冲洗水运行电流正常涨降，不超额定电流。

（三）系统的停运

系统内全部用户停运后，停运工艺水泵和除雾器冲洗水泵，长期不用时水箱自动补水阀切手动后关闭，关闭泵出入口阀，水管道排空。

五、 石灰石浆液制备、 供给系统启停与调整

石灰石浆液制备系统的作用是将石灰石磨制成规定粒度的石灰石粉，与水制备成浓度为 25%～30%的石灰石浆液，为吸收塔提供脱硫吸收剂。而根据不同的制备方式，该系统可以分为外购成品石灰石粉制浆、干磨和湿磨制浆三种方式。主要设备有振动给料机、斗提机、皮带秤、刮板机、管磨机（立式磨）、选粉机、选粉风机、收尘器、输送风机、供浆

泵、搅拌器等。

（一）系统启动

1. 石灰石上料系统的启动

（1）启动石灰石仓顶、卸料间、斗提间布袋除尘器。

（2）启动石灰石仓顶皮带输送机。

（3）启动斗式提升机。

（4）启动除铁器。

（5）启动振动给料机。

2. 湿式球磨机系统的启动

（1）启动系统声光信号报警。

（2）启动湿式球磨机润滑油系统。

（3）检查湿式球磨机齿圈润滑油箱及齿轮润滑油箱油位正常，油质良好。

（4）仪用气源投入正常。

（5）启动湿式球磨机齿圈润滑油泵及轴承润滑油泵，确认各处供油量正常。

（6）启动过滤水泵，打开湿式球磨机和浆液箱各阀门。

（7）打开再循环浆液泵入口门，启动一台再循环浆液泵，打开再循环浆液泵出口门。

（8）调整过滤水至再循环箱调节阀，维持再循环浆液箱液位正常。

（9）启动湿式球磨机。

（10）启动对应的称重皮带给料机。

（11）及时调整湿式球磨机进口石灰石给料量在额定值，将湿式球磨机入口工艺水进水阀和过滤水至再循环箱调节阀投入自动运行。

（12）再循环箱液位由石灰石旋流器底流和溢流箱阀门进行控制，旋流器来流石灰石浆液密度由过滤水至再循环箱调节阀自动控制。

3. 石灰石浆液配制系统的启动

（1）石灰石粉仓补粉至正常粉位。

（2）石灰石制浆箱补水至正常范围，搅拌器运行正常。

（3）启动石灰石粉仓下粉组合，配制合格的石灰石浆液。

4. 石灰石浆液供给系统的启动

（1）打开至吸收塔、AFT 塔供浆手动阀、管道回流阀。

（2）检查启动石灰石供浆泵，打开供浆关断阀、调节阀。

（二）运行调整

1. 湿式球磨机制浆运行调整

（1）调整称重给料转速，匹配、控制湿式球磨机制浆能力。

（2）石灰石浆液的浓度是通过石灰石给料量和工艺水流量来调节的，调整石灰石给料量和研磨水量、旋流器压力等保证浆液品质，通过再循箱的补水量的大小来控制石灰石浆液密度，石灰石浆液浓度控制约在30%（1200～1250kg/m^3）。

（3）石灰石粒径小于20mm。浆液石灰石粒径要求325目（或250目）过筛率不低于90%。

2. 石灰石浆液箱液位和浓度的调整

（1）石灰石粉仓粉位控制在较高料位运行。

（2）调整称重给料机转速和给水量，控制石灰石粉制浆浓度和浆液箱液位。

（3）石灰石浆液箱的液位是通过石灰石浆液制备系统的运行时间和出力来控制的，保证液位在正常范围，防止制浆箱溢流或液位低设备保护跳闸。

（4）控制石灰石浆液泵运行电流和出口管道压力在正常范围。

（5）关注石灰石品质，石灰石粉碳酸钙含量大于90%，酸不溶物含量小于4%，氧化镁含量小于2%。

（三）系统停运

1. 停运石灰石上料系统

（1）停运振动给料机。

（2）停运石灰石皮带输送机。

（3）停运除铁器。

（4）停运斗式提升机。

（5）停运石灰石仓顶、卸料间、斗提间布袋除尘器。

2. 湿式球磨机的停运

（1）停止湿式球磨机给料系统。

（2）启动湿式球磨机高压油泵，停运湿式球磨机。

（3）停运湿式球磨机油系统。

（4）停运湿式球磨机再循环泵，冲洗出入口管道并排放。

3. 石灰石浆液配制系统的停运

（1）停止石灰石粉仓补粉。

（2）停运石灰石粉仓下粉组合。

4. 石灰石浆液供给系统的停运

停运石灰石供浆泵，打开供浆关断阀、调节阀，冲洗出入口管道，关闭至吸收塔、AFT塔供浆手动阀，并排放。

六、 SO_2吸收系统启停与调整

SO_2吸收系统是脱硫系统的核心，主要功能是脱除烟气中的SO_2及部分SO_3、HCl、HF、烟尘等，完成SO_2的吸收、亚硫酸盐的氧化及石膏结晶的整个过程，保证烟气中的

SO_2 能够达标排放。SO_2 吸收系统主要设备有吸收塔、浆液循环泵、喷嘴、除雾器及冲洗水、氧化系统、搅拌器（脉冲悬浮泵）、石膏排出泵等。

（一）系统启动

（1）吸收塔补水至下层搅拌器启动液位，启动搅拌器（悬浮泵），启动后检查运行电流、压力、温度、振动、声音正常。将事故浆罐浆液导入至吸收塔正常液位。

（2）吸收塔液位满足浆液循环泵启动条件，检查泵运行电流、出入口压力、温度、振动、声音正常。

（3）顺控启动氧化风机，检查风机运行电流、出入口压力、温度、振动、声音正常。

（4）除雾器顺控冲洗，液位投自动。

（5）pH 值控制投自动，并给定设定值。

（二）运行调整

1. 吸收塔液位调整

脱硫系统运行时，由于烟气蒸发、携带、废水排放和石膏结晶水而造成损失，因此，需要不断向吸收塔补充水维持液位。吸收塔液位低时，优先增加除雾器冲洗顺控次数，或打开吸收塔补水阀，当液位高时，减少除雾器冲洗次数、加强脱水、加大废水排放量、关闭不必要的用户。

2. 吸收塔浆液密度调整

吸收塔内浆液的密度对脱硫效率及设备寿命有较大影响，石膏排出量过大，会导致浆液浓度下降，石灰石利用率降低，影响石膏结晶。石膏排出量过小，吸收塔内浆液浓度过高，会增加系统管道的磨损、结垢、堵塞。通过石膏排出控制浆液密度，吸收塔内浆液密度应维持在 1080～1120kg/m^3。

3. 吸收塔浆液 pH 值调整

按 pH 分区脱硫塔主要分为单塔、单塔双循环和双塔双循环技术，吸收塔 pH 值根据脱硫设计、运行工况、脱硫性能要求控制。pH 值是通过调节石灰石供浆流量来实现的，根据运行工况实现自动调节或变频供浆，控制 pH 值合理运行，并保证浆液和石膏品质。增加石灰石供浆流量，可以提高吸收塔的 pH 值；减小石灰石供浆流量，吸收塔 pH 值随之降低。pH 值过高，一方面会抑制石灰石的溶解；另一方面，石灰石供浆量过高会造成系统运行经济性较差；低 pH 值有利于石灰石溶解，pH 值过低则会造成脱硫效率下降，并会使吸收塔内壁防腐层受到酸性腐蚀。单塔 pH 值控制范围较大，一般可控制在 5.0～5.6 之间；单塔双循环、双塔双循环技术一级塔脱硫低 pH 值控制，一般可控制在 4.8～5.5 之间，二级塔（AFT）浆液 pH 控制较高，一般可控制在 5.8～6.5 之间。

4. 除雾器差压调整

除雾器差压一般设计在 200Pa 之内，超过此值说明除雾器堵塞，日常至少每班冲洗一次，冲洗时应观察冲洗压力及流量正常，发现水量、水压异常及时分析，消缺处理，根据吸收塔液位调整冲洗间隔时间，必要时优化除雾器冲洗控制策略。

（三）系统停运

（1）解除供浆自动，停止向塔内供浆。

（2）根据工况依次停运浆液循环泵，冲洗管道排放，关闭冷却水。

（3）停运氧化风机，关闭冷却水，关闭氧化风管道冲洗水阀。

（4）执行除雾器冲洗顺序控制最后一次，停止冲洗，关闭除雾器冲洗总阀。

（5）将石膏排出泵出口切换至事故浆罐，打开吸收塔底部排放阀，将吸收塔浆液全部排空。

（6）pH 计退出运行并保养。

七、烟气系统启停与调整

烟气系统的主要作用是为脱硫系统的运行提供烟气通道，将原烟气引入脱硫系统，将脱硫后的净烟气送至烟囱排放，为污染物气体的检测、监视提供平台，实现脱硫系统的投运与退出，在脱硫装置检修时实现烟气的隔绝，其系统阻力由引风机（或增压风机）提供。烟气系统主要设备有烟道、烟气挡板门、膨胀节、事故喷淋等。

（一）系统启动

（1）检查脱硫原净烟气挡板已全开。

（2）检查联系值长并得其同意后，方可投用烟气系统。

（3）确认烟气系统投运条件满足、电除尘投运、无锅炉 MFT 跳闸信号、无脱硫原烟气温度高信号、增压风机出口温度小于要求值、原烟气粉尘小于设计值、至少一台吸收塔循环泵已运行。

（4）确认烟气 CEMS 仪表投运正常。

（5）检查增压风机油系统正常，冷却水正常，启动增压风机油站，检查油系统正常，油站联锁正常，增压风机油站运行正常且允许主机工作信号正常，开关增压风机导叶，检查开关灵活，位置反馈正确，检查增压风机冷却密封风机入口无杂物。

（6）启动增压风机冷却密封风机，运行正常后，开启净烟气挡板门，关闭吸收塔排空门，启动增压风机，观察启动电流、时间正常，开启原烟气挡板门，调整增压风机导叶维持增压风机入口压力正常。检查增压风机电流、出口压力、振动、温度、声音正常，动叶投自动。

（二）运行调整

烟气系统的调节主要是增压风机入口压力的调节，其作用是随着锅炉负荷的变化和脱硫系统的变化增加或减小增压风机的出力，从而维持整个系统的稳定运行。如增压风机导叶控制在手动控制状态，必须注意每次操作必须小幅度调整导叶开度，否则会引起增压风机失速。运行过程中，调整增压风机和引风机出力实现节能最大化。

(三) 系统停运

(1) 汇报值长停运烟气系统，将增压风机导叶切手动运行，慢慢调整增压风机导叶开度小于5%。

(2) 停运增压风机。

(3) 待增压风机轴承温度降至规定温度以下后，停运冷却密封风机。

(4) 待增压风机润滑油温度降至35℃以下时，停运油系统。

(5) 关闭原烟气挡板门，开启吸收塔排空门，关闭净烟气挡板门。

八、石膏脱水系统启停与调整

石膏脱水系统的主要功能是对石膏浆液按照颗粒度质量进行筛选，并进行脱水处理，获得含水率小于10%的成品石膏。石膏脱水系统主要设备有石膏旋流站、真空皮带脱水机（圆盘脱水机）、汽水分离器、真空泵、滤布/滤饼冲洗水泵等。

(一) 系统启动

(1) 石膏脱水系统的运行取决于石膏浆液浓度，当石膏浆液密度高于规定值时，投入石膏脱水系统。

(2) 检查工艺水系统运行正常，打开滤布冲洗水箱补水阀，滤布冲洗水箱液位正常，滤布冲洗水泵具备启动条件，启动滤布冲洗水泵，水箱液位投自动。

(3) 确认压缩空气系统运行正常，纠偏装置动作灵活，方向正常，真空皮带脱水机皮带支撑良好，滤布、皮带裙边完好。

(4) 检查滤布冲洗水量和真空皮带脱水机密封水流量正常，启动真空皮带脱水机，确认皮带、滤布无跑偏，真空槽盒密封带完好，运行正常。

(5) 打开真空泵密封水量，关闭真空泵排放，启动真空泵，检查二级脱水系统运行正常。

(6) 打开石膏旋流器底流至真空皮带脱水机关断阀。

(7) 检查启动石膏排出泵，检查脱水正常，滤饼需要冲洗时打开滤饼冲洗水。

(8) 调整真空皮带机转速，将石膏厚度切换至自动控制。

(9) 圆盘脱水系统的启动主要是启动圆盘脱水及反冲洗、启动槽体搅拌器、打开进料阀、启动石膏旋流器给料，启动主轴电动机和真空泵，调节进料量。

(二) 运行调整

1. 旋流器底流浆液浓度

观察旋流器底流浆液状态，并定期检查底流浆液的浓度，发生底流浆液浓度波动或“底流夹细”时应及时调整，旋流器正常工作状态下，底流浆液呈伞状。底流浓度过高或过低需及时调整旋流子底流沉沙嘴孔径或石膏排出泵出口管道节流孔板孔径，当旋流子尺寸、石膏排出泵流量固定时，必要时可通过调整旋流子数量，调整旋流站底流浓度和旋流站压力在正常范围内。

2. 真空度

真空度过高或过低都会影响石膏的含水量，石膏含水量可以检查皮带机是否跑偏、滤布是否跑偏、滤布是否干净、皮带机转速、浆液品质是否异常等。

3. 石膏滤饼厚度

维持真空皮带脱水机滤布上面滤饼的厚度是保证石膏含水量的重要条件，如果滤饼厚度过薄，则脱水效果不好；如果滤饼厚度过厚，则真空度过高，可能使真空泵过负荷。通过调节皮带机转速调整滤饼厚度在15～30mm之间。

4. 石膏品质

加强石膏化验，根据化验结果调整脱硫运行，提高石膏品质。通过石膏化验分析，调整石膏脱水、石膏冲洗等运行方式。

(1) 石膏含水量大于10%应及时调整真空皮带脱水机给浆量或转速，保证真空度和石膏滤饼厚度在合格范围内。

(2) 根据石膏用途，参照烟气脱硫石膏中氯离子含量等级要求，调整石膏冲洗。

(3) 石膏颜色较深，原因为含尘量过大，应及时联系值长调整电除尘运行情况，提高除尘效率。

(4) 石膏中$CaCO_3$含量过多，应及时检查石灰石浆液粒度、石膏旋流器性能供浆量、供浆密度和浆液pH值，及时跟踪化验分析结果，并做出有效调整。

(5) 石膏中$CaSO_3$过多，应及时调整氧化风量，以保证浆液中$CaSO_3$被充分氧化。

(三) 系统停运

(1) 当石膏浆液密度低于规定值时，停运石膏排出泵，并冲洗出入口管道。

(2) 待真空皮带脱水机上没有石膏浆液后对滤布进行冲洗。

(3) 真空皮带脱水机滤布冲洗干净后，停运真空泵，关闭密封水关断阀。

(4) 停运真空皮带脱水机。

(5) 停运滤布冲洗水泵。

(6) 对于圆盘脱水机，停运步骤是停止供浆、停运真空泵、反冲洗，停止圆盘脱水机。

九、废水（常规）处理系统启停与调整

废水系统的主要作用是以排放废水的方式，将脱硫过程中不断在石膏浆液中富集的重金属离子、粉尘、Cl^-、F^-等有害物质排出脱硫系统，并对废水中的有害物质进行处理后达标排放。维持石膏浆液中的物质平衡，防止石膏浆液中的可溶物及粉尘等超过规定值，影响石膏浆液活性、石膏品质，对脱硫效率造成影响，主要设备有三联箱（一体化反应器）、搅拌器、加药泵、污泥泵、压滤机等。

（一）系统启动

（1）当废水箱液位满足废水旋流泵启动条件时，启动废水旋流泵，向废水三联箱排放废水。

（2）启动石灰乳计量泵给中和箱加药，加药量根据 pH 计指示值进行，控制在 9 左右。

（3）启动有机硫计量泵给沉降箱加药。

（4）启动硫酸氯化铁计量泵给絮凝箱加药。

（5）启动絮凝剂计量泵，给三联箱处理后出水管道加助凝剂。

（6）澄清池出水后至出水箱，启动加酸泵将出水 pH 值控制在 6～9 之间，经出水泵打至指定排放点，不合格水打至三联箱进行再次处理。

（7）澄清池污泥经输送泵打至板框压滤机进行脱水后由车拉送至指定地点，不合格污泥经污泥循环泵打至三联箱进行再次处理。

（二）运行调整

（1）废水沉降箱 pH 值控制在 9 左右。

（2）废水出水箱 pH 值控制在 6～9。

（3）控制废水浊度小于 150mg/L、化学需氧量（COD）小于 70mg/L。

（三）系统停运

废水系统短期停运时，三联箱搅拌器、石灰乳制备箱搅拌器、石灰乳计量箱搅拌器、石灰乳循环泵、石灰乳计量泵、澄清池刮泥机继续维持运行，其他设备可以停运。

长期停运时，必须先排空消石灰系统的所有石灰乳液和污泥系统的污泥，并冲洗管路，以防止系统结垢。排空澄清器内污泥，并将刮泥机通过提耙装置提升到高位（运行前再恢复到原位）。用工业水置换系统内所有废水，pH 计用盐酸清洗后卸下电极进行保护。

十、定期切换及试验

为改善脱硫设备的运行条件和备用设备的可靠性，保证脱硫装置连续安全经济运行，必须对备用设备进行定期切换和试验，具体内容可参照脱硫设备定期切换和试验列表（见表 2-16）。

表 2-16　　脱硫设备定期切换和试验列表

序号	切换、试验项目	切换周期	执行人	监护人
1	事故喷淋试验	一周一次	值班员	值班负责人
2	工艺水泵	一周一次	值班员	值班负责人
3	净烟气挡板门密封风机	一周一次	值班员	值班负责人
4	循环浆液泵	一周一次	值班员	值班负责人
5	氧化风机	一周一次	值班员	值班负责人

续表

序号	切换、试验项目	切换周期	执行人	监护人
6	真空皮带机及拉绳开关试验	一周一次	值班员	值班负责人
7	滤布冲洗水泵	一周一次	值班员	值班负责人
8	湿式球磨机	一周一次	值班员	值班负责人
9	湿式球磨机低压油泵	半月一次	值班员	值班负责人
10	湿式球磨机再循环泵	半月一次	值班员	值班负责人
11	滤液水泵	半月一次	值班员	值班负责人
12	石膏排出泵	半月一次	值班员	值班负责人
13	石灰石浆液泵	半月一次	值班员	值班负责人
14	吸收塔地坑泵	半月一次	值班员	值班负责人
15	废水旋流泵	半月一次	值班员	值班负责人
16	污泥输送泵	半月一次	值班员	值班负责人
17	事故照明	半月一次	值班员	值班负责人
18	备用设备测绝缘	高压设备一周一次，低压设备半月一次	值班员	值班负责人
19	脱硫进线双电源切换试验	停机时进行	值班员	值班负责人
20	保安段备用电源切换试验	停机时进行	值班员	值班负责人

注 1. 两用一备的设备（如工艺水泵、氧化风机等）应每周切换一次，按照（1号+2号）→（2号+3号）→（3号+1号）→（1号+2号）→・・・的循环方式切换运行；一用一备的设备切换周期为半月一次。

2. 浆液循环泵、真空皮带机系统、湿式球磨机应综合考虑负荷、硫分、效率、能耗等因素切换运行。

第二节　脱硫系统运行优化

国家能源政策和“双碳”管理，对煤炭供应带来一定影响，电力用煤供应紧张、煤源不稳定，造成机组燃用煤种较设计煤种发生一定的偏差。新能源消纳和新型电力系统建设，加大机组的深度调峰、负荷的频繁调整，使得脱硫系统及设备的实际运行状态与设计发生较大偏离，导致系统能耗增加，脱硫效率下降，石膏品质降低，加剧设备的腐蚀、结垢、磨损等问题。因此，在满足安全和环保达标排放及主要设计参数要求的条件下，通过对主要系统、设备、参数等进行相关调整、优化、试验，寻找最优运行方式和最佳的参数控制，实现脱硫系统的最优运行，降低运行成本，实现安全、稳定、经济运行的目的。根据生产运行经验，本节就石灰石-石膏湿法烟气脱硫工艺的系统启停过程优化、增压风机运行优化、浆液循环泵运行优化、氧化风机运行优化、制浆系统运行优化、脱水系统运行优化、系统水平衡测试和控制优化、SO_2 排放浓度运行优化、吸收塔浆液参数控优化内容进行编写。

一、系统启停过程优化

为满足环保达标排放要求，确保脱硫装置的安全运行，要求脱硫系统在主机启动前投运，在主机停运并达到一定的烟气条件后退出运行，因此必须尽量缩短脱硫系统启停时间，降低启停期间脱硫系统运行电耗，开展运行优化。

（一）系统启动过程优化

机组准备启动前，应掌握机组启动计划，对脱硫系统设备状态、运行方式进行全面核查，为机组顺利启动创造条件，避免延长机组启动时间。根据机组启动计划，编制脱硫系统启动方案，合理安排脱硫系统设备投入时间节点和数量，缩短脱硫系统设备在锅炉点火前的运行时间。

启动压缩空气、工艺水和吸收剂制备系统，为脱硫装置运行提供条件。锅炉点火前30min，在保护条件允许的情况下可只启动一台低功率浆液循环泵运行，待吸收塔入口烟气温度大于或等于60℃或出口 SO_2 排放浓度接近限制时，再启动第二台浆液循环泵运行，依次启动浆液循环泵。对双循环脱硫系统，应首先启动一级脱硫，根据机组负荷和 SO_2 浓度，适时启动二级脱硫。根据浆液性质和烟气 SO_2 浓度适时投入氧化风机运行。机组并网后应根据机组负荷、原烟气 SO_2 浓度和净烟气 SO_2 浓度调整浆液循环泵运行方式及氧化风量。锅炉点火启动初期要严密监视除尘器投入情况和吸收塔入口粉尘浓度，对浆液指标进行化验分析，避免因粉尘浓度高或投油助燃造成浆液品质恶化。

（二）系统停运过程优化

机组停运前应编制脱硫系统停运方案，提前降低吸收塔液位和浆液密度，各箱、罐、坑控制在低液位运行，浆液密度降至1080kg/m^{3}以下。机组停运过程中根据机组负荷及烟气 SO_2 浓度，按照功率由高到低的原则逐步停运浆液循环泵。对双循环脱硫系统，先停运二级吸收系统，再停运一级吸收系统。机组停运后一般情况下保证石膏品质及脱水的前提下，可停运氧化风系统，并逐步停运浆液循环泵。

锅炉停运后，当原烟气温度高于60℃，应保持1台低功率浆液循环泵运行，当原烟气温度低于60℃后，应停运全部浆液循环泵。当锅炉需要强制通风冷却时，若原烟气温度高于60℃，应启动1台低功率浆液循环泵运行。原烟气温度低于60℃，应退出脱硫主保护或强制1台浆液循环泵的运行信号，不必启动浆液循环泵。在此期间要严密监视事故烟温冷却系统，确保随时可以投入使用，保障脱硫系统设备安全。

脱硫系统停运后，根据设备停运管理具体要求，可排空吸收塔；不排空时，机械搅拌器或脉冲悬浮泵运行。

二、增压风机运行优化

增压风机是脱硫系统中最大的耗电设备，增压风机的运行方式对于系统电耗有极大的影响，风机导叶开度增大，风机出力增加，风机电耗随之增加。增压风机运行中，应投入口压力自动调节系统。手动调整时，导叶调整的幅度不应过大，每次增加或减少2%～3%为宜，但是在启动增压风机过程中，应快开冲过喘振区。

运行中，根据负荷变化，调整增压风机出力，一般增压风机入口压力控制在±100Pa。针对风机串联运行方式，开展不同负荷下增压风机、引风机、送风机运行方式优化研究，监测不同负荷下引风机、送风机、增压风机最小电流之和时增压风机的入口压力，确定单位电耗最低时的增压风机入口压力。根据风机性能，尽可能避免增压风机小流量运行，提高风机效率。增压风机和引风机串联运行时，开展引风机、增压风机节能优化试验，找出两风机最节能的联合运行方式（两风机运行电流之和最小），实现综合能耗最佳运行，避免出现一个风机在高效区运行，一个风机在低效区运行的情况。当同一系统中有2台增压风机并联运行时，应保证两侧增压风机出力一致。

机组检修停机、启动时，应开展增压风机、引风机停运，主机带负荷运行试验，为风机跳闸主机降负荷运行优化提供运行数据。增压风机跳闸时，应快速联锁全开增压风机导叶，并完善主机控制逻辑，配合主机运行调整。引风机跳机时，快速调整增压风机运行方式，承担部分引风机出力，配合主机负荷运行调整，确定快速调整的安全运行方式。

开展机组低负荷运行时停运增压风机的可行性分析研究，试验低负荷时段停运增压风机的运行方式。在增压风机并入和切除过程中，注意导叶开度和增压风机旁路挡板开度的协同配合，避免对炉膛负压造成扰动。

增压风机节能还和脱硫系统运行、烟气系统设备、设施健康状况有直接关系。脱硫系统运行中应严格控制除雾器差压，减少循环泵运行台数，降低系统阻力，降低增压风机电耗。定期对所有烟道、挡板、膨胀节进行检查，消除烟道漏风。等级检修时对增压风机叶片的磨损、结垢以及导叶开度和DCS反馈数值的一致性进行检查，确保增压风机的运行出力。

三、浆液循环泵运行优化

浆液循环泵是脱硫系统的主要耗电设备，在烟气条件一定的情况下，浆液循环泵的投运数量决定了脱硫反应的最终液气比，直接影响净烟气SO_2排放浓度。浆液循环泵的运行数量和运行方式直接关系脱硫系统运行经济性。因此，优化浆液循环泵运行方式时，应根据不同机组负荷、不同烟气条件，试验各种浆液循环泵组合方式下的净烟气SO_2排放浓度，根据净烟气SO_2排放浓度和电耗，得出最优的经济运行方式。

开展脱硫系统智能化建设，在双循环系统中，可在一级塔出口处加装烟气分析仪，基于两级脱硫设计特性，开展不同负荷、不同二氧化硫入口浓度的脱硫分担试验，掌握一级和二级脱硫效率的分配，在此基础上做进一步优化调整。双循环脱硫技术运行，在一、二级脱硫出力匹配原则下，满足一级塔浆液品质、浆液循环泵安全运行台数要求的前提下，进行浆液循环泵投退调整时，应优先投运高 pH 值的二级浆液循环泵，停运浆液循环泵时，应优先停运低 pH 值的一级浆液循环泵（停机除外）。

一般情况下一级脱硫吸收塔浆液循环泵运行台数低于两台，具备条件的可在低负荷期间运行一台浆液循环泵，对于低负荷期间采用单台浆液循环泵运行的，要制定单台浆液循环泵安全运行技术措施，优化保护逻辑，新增备用循环泵联动逻辑，保持备用泵和事故喷淋系统安全可靠。

浆液循环泵实施变频或永磁等节能技术改造的，可对液气比进行精细调节，实现对出口 SO_2 浓度的精准控制，达到压线运行节能降耗的目的。但应根据喷嘴设计参数，开展浆液循环泵最低运行频率或最低转速试验，喷嘴压力不低于喷嘴设计最小压力，否则浆液无法雾化或雾化效果差，影响吸收效果。同时，可通过喷淋层人孔观察不同频率下循环浆液雾化效果，确定最低运行频率或永磁调速器调节范围。应实施智能化控制，浆液循环泵频率和转速应能根据出口 SO_2 浓度在可调范围内进行自动调节。

开展脱硫运行精细化管理，在保证二氧化硫排放控制目标的前提下，通过浆液 pH 值和液气比控制，实现节能运行。当二氧化硫浓度接近限值或超限运行风险时，可优先通过 pH 值在允许范围内合理调整实现二氧化硫稳定达标运行，或 pH 值和浆液循环泵频率的耦合控制，保持较高 pH 值、循环泵低频率的运行方式，即：浆液循环泵变频运行，在保证出口 SO_2 浓度稳定的情况下，如果浆液循环泵运行频率不是最低，且浆液 pH 值未达到运行高值，应提升浆液 pH 值，降低浆液循环泵运行频率。如果浆液循环泵频率和浆液 pH 值均达最高值，并且出口 SO_2 浓度超出设定值，此时应增加 1 台浆液循环泵，浆液循环泵启动后，继续进行浆液 pH 值和浆液循环泵频率的耦合控制。

浆液循环泵和氧化风机的运行电流与吸收塔液位、浆液密度有关。通过开展吸收塔液位对循环泵、氧化风机综合能耗影响的试验分析，确定吸收塔运行液位；通过石膏脱水时间长短，吸收塔浆液密度大小对循环泵、氧化风机的能耗和设备磨损程度的试验分析，确定吸收塔浆液在较低密度区间运行。运行中应综合考虑负荷、硫分、效率、能耗等因素，定期对浆液循环泵进行切换，防止结晶造成喷嘴堵塞。严格按照规程要求控制浆液中氯离子和酸不溶物等杂质含量，加强源头控制和废水排放，及时消除吸收塔浆液泡沫，防止循环泵电流大幅波动以及空蚀现象的发生，并定期统计和保留浆液循环泵出口压力原始数据，压力升高，可能为喷淋层或喷嘴堵塞，反之，可能为入口滤网堵塞、喷嘴磨大、循环泵叶轮磨损等，停机检修时，应全面检查喷淋层和喷嘴堵塞情况。

四、 氧化风机运行优化

氧化风机是脱硫系统的主要设备，应在不同工况下开展氧化运行方式试验，归纳、总结出氧化风机运行方式与负荷、硫分、亚硫酸钙浓度关系，探索二级塔（AFT 塔）氧化风机长期停运、一级吸收塔氧化风机间断停运的运行方式。根据原烟气 SO_2 浓度，通过计算吸收塔需鼓入的氧化空气量，调整氧化风机运行台数或导叶开度控制氧化风量，并根据浆液和石膏中亚硫酸钙浓度化验结果修订裕量系数，确保亚硫酸盐的充分氧化。

研究建立氧化空气与烟气流量、原烟气及净烟气 SO_2 浓度和浆液 pH 等因素之间的理论关系模型，制定氧化风机导叶投自动调节控制逻辑，实现氧化风机导叶在全负荷工况下的自动调节功能。同时应注意氧化风机稳定运行时导叶最小开度不应低于厂家要求（一般为 30%），防止风机发生喘振。对于单机离心风机要设置防喘振控制系统，发生喘振时能自动打开放空阀，消除喘振。在执行氧化风机启动程序，关闭氧化风机放空阀过程，需注意风机出口压力与喘振压力应小于 0.9 倍喘振压力。

具备条件的，可对氧化风系统进行优化改造，在氧化空气管道间设置联通管，增加支管调节阀和涡街流量计，开发氧化空气单元制和母管制切换逻辑、各塔风量分配逻辑等，实现不同情况下的氧化风量自动调节，提高系统运行可靠性和节能效果。

氧化风机停运期间要做好防止浆液倒灌进入氧化风管和风机本体的措施，对于可长期停运的氧化风机应按照设备定期切换试验的要求定期进行启停轮换试验。单级离心风机停机备用期间，每 7 天应启动辅助油泵一次，并使风机缓慢转动，以备紧急情况下能及时投用。

加强防堵控制。在氧化风机入口应加装压力表，用以监视氧化风机入口滤网堵塞情况，当进气压力表指示－1kPa 时必须清洗或更换过滤器滤芯，以减小风机吸入口阻力，降低风机运行电流，提高氧化风机效率。通过对增湿水流量的调节，使进入吸收塔的氧化风温度控制在 45～50℃，避免氧化风管在吸收塔干湿界面处结垢堵塞，造成空气管路不畅，也可能造成风机出口压力升高。

五、 制浆系统运行优化

石灰石制浆系统是脱硫系统的重要系统，负责脱硫吸收剂的制备和供应，也是主要能耗设施。制浆系统的运行不仅影响自身的物耗、电耗，对脱硫效率也有显著影响。磨制系统的石灰石粒度越细，消溶性越好，反应速率越快，石灰石利用率越高，但同时系统能耗越高。

（一）湿式球磨机运行优化

湿式球磨机给料量必须按湿式球磨机额定出力给定，以提高制浆效率，减少湿式球磨机运行时间，提高经济性。严格控制进入湿式球磨机的石灰石粒径，粒径 10～20mm 占比小于 20%，粒径 5～10mm 占比大于或等于 80%，粒径过小比表面积大携带杂质多，粒径过大造成设备和钢球磨损、电耗增加、过筛率不合格。控制石灰石浆液密度在 1180～1250kg/m³（对应含固量 25%～32%），一般不应低于 1200kg/m³，浆液中石灰石颗粒 325 目（孔径 44μm）过筛率大于或等于 90%。定期对称重给料机皮带秤进行标定，每月与石灰石过磅数据进行比对，保证称重给料量准确。

湿式球磨机应严格控制磨制料水配比，整体料水比一般控制在1∶(2.1～3.0)，其中湿式球磨机入口料水比应控制在1∶(0.6～1.0)。若入口给水流量过大、流速快，会造成石灰石研磨时间变短，被携带出湿式球磨机筒体的颗粒物增多，造成湿式球磨机出口筛网堵塞，过筛率不合格。若入口给水量太小，石灰石颗粒会被反复研磨，致使湿式球磨机出力降低，功耗增加。运行中要开展湿磨系统料水比平衡分析试验，确定湿式球磨机入口和再循环箱最佳料水配比。运行中应严格控制系统水平衡，再循环箱补水应根据整体料水比和制浆密度调整，保持再循环箱液位平衡，避免溢流或低液位，导致再循环泵跳闸。

运行中应保持合理的钢球装载量和钢球配比，根据电流变化及时补加钢球，建议根据湿式球磨机运行时间采取少量多次、循序渐进的方式添加，补加量以磨制单位石灰石的钢球耗量进行估算，补加钢球为首次加球中的最大直径规格，以维持湿式球磨机电流正常平稳、钢球级配合理，保证湿式球磨机最佳出力。运行中，应尽量保证制浆和脱水同时进行，使滤液水直接转化为制浆用水，既保证吸收塔的液位稳定，又可减少制浆时的工艺水消耗量。定期开展化学监督，定期化验石灰石品质、石灰石浆液密度和过筛率，掌握制浆系统运行情况，指导运行调节处理。

一般情况下，停磨前停止给料，并在15min内停止湿式球磨机运转，禁止长时间空转，以免损伤衬板，消耗研磨钢球。当湿式球磨机停运超过8h以上启动时，湿式球磨机主电机启动前要先用慢速传动装置盘车，达到松动物料的目的。当湿式球磨机主电机工作时，慢速传动装置不能启动；当慢速传动装置工作时，湿式球磨机主电机不能启动。长时间停磨后，筒体逐渐冷却收缩，轴颈将在轴瓦上产生滑移，为降低摩擦，减少由于筒体收缩而产生的轴向拉力，湿式球磨机高压油泵应每隔一段时间自动启动为轴瓦供油3min，使轴颈与轴瓦之间保持一定的油膜厚度，具体间隔周期以设备说明书为准。

(二) *石灰石旋流器运行优化*

石灰石旋流器主要是实现石灰石浆液的粗细分离，石灰石旋流器溢流颗粒较小的浆液进入石灰石浆液箱，石灰石旋流器底流颗粒较大的浆液返回湿式球磨机继续研磨。运行中应控制石灰石旋流器溢流浆液中90%以上的颗粒小于44μm，石灰石旋流器工作压力和进料浓度应控制在设计范围值内，通过调整再循环泵频率或出口孔板直径，改变石灰石旋流器入口压力，对浆液细度进行微调。也可通过调整石灰石旋流器旋流子个数，调整石灰石旋流器入口压力，增加石灰石旋流器旋流子投运个数时，石灰石旋流器运行压力降低，石灰石旋流器溢流浆液中颗粒变细；反之，减少石灰石旋流器旋流子投运个数，石灰石旋流器运行压力升高，石灰石旋流器溢流浆液颗粒变粗。运行中应控制石灰石旋流器底流浆液浓度大于或等于50%，溢流浆液浓度大于或等于25%。定期进行化验分析，根据石灰石粒径调整运行方式，必要时对石灰石旋流器旋流子的沉沙嘴进行更换调整，满足出料浓度和细度要求。

运行中要重点监控旋流器的运行状态，关注入口压力波动、底流排浆状态和旋流子堵塞等情况。正常工作状态下，底流排浆应呈伞状，如底流浓度过大，则呈柱状或呈断续块状排出；发现旋流子堵塞，应及时疏通处理，保证旋流分离效果。备用旋流子应定期轮换交替使用，避免单一旋流子长期使用磨损加剧。旋流子进浆阀门应完全开启或完全关闭，不允许处于半开位置。

六、脱水系统运行优化

（一）一级脱水系统运行优化

石膏旋流器主要作为一级脱水，实现石膏浆液的浓缩和分级。石膏旋流器工作压力应控制在设计范围内，避免压力过高导致旋流子爆管，压力过低影响浆液浓缩和颗粒分离效率。运行中控制旋流器进料浓度在设计范围内，进料浆液密度在 1080～1120mg/m^3，固体量一般在 13%～19%，控制底流含固量在 45%～55%，溢流含固量不大于 3%。石膏旋流器下游一般安装废水旋流器，控制废水旋流器溢流浓度不大于 1%，降低废水处理的负荷。

为保证石膏脱水旋流站的高效运行，安装投运的旋流器，主要通过调整旋流器压力、旋流子投运个数和沉沙嘴口径来达到最佳运行性能。通常沉沙嘴口径不小于溢流中心筒直径的 25%，运行人员对不同口径沉沙嘴分离效果进行试验找出最佳搭配组合方式。旋流子固定不变时，通过调节供浆流量，使旋流子入口压力控制在高效运行范围，流量控制影响脱水系统出力，或旋流子运行效果不佳的情况下，可增加或减少旋流子运行数量，辅助流量调节，保证旋流子高效运行，底流含固量大于 50%为宜。

在二级脱水效果较好或者对石膏品质没有特别要求的情况下，可适当增加旋流子投运数量、增大沉沙嘴口径、加大石膏产出量及酸不溶物携带量、缩短脱水系统运行时间。每月化验旋流器底流和溢流浆液浓度，根据化验结果分析旋流器工作状况，必要时对所有旋流子分离浓度进行化验分析，排查旋流子本体及沉沙嘴磨损情况，必要时进行调整或更换。

运行中重点监控旋流器运行情况，发现堵塞、泄漏情况及时处理。检查旋流器底流排料状态，旋流器正常工作状态下，底流排料应呈伞状。如底流浓度过大，则底流呈柱状或呈断续块状排出，分析异常原因并进行调整。备用旋流子应定期轮换交替使用，避免单一旋流子长期使用磨损加剧。旋流子进浆阀门应完全开启或完全关闭，不允许处于半开位置。

（二）二级脱水系统运行优化

脱水系统的投退应根据吸收塔浆液密度进行调整，通常吸收塔浆液密度为 1120mg/m^3 时投运脱水系统，密度下降到 1080kg/m^3 时停止脱水系统运行，达到节电的目的。运行中应开展脱水系统运行方式优化试验，在保证石膏品质的前提下，应保证脱水系统最大出力，尤其低负荷时，尽量实现一套脱水系统对应多塔的石膏浆液，减少脱水系统投入数量，降低脱水系统能耗。开展皮带机运行频率调整试验，通过探索运行频率与脱水系统能耗、真空度、石膏厚度、石膏含水率等参数影响规律，得到真空皮带机最佳运行频率。在此条件下，能耗最低、石膏含水率达标、真空度和石膏厚度适宜。并对以下参数进行优化控制：

(1) 真空度控制。汽水分离器真空度一般控制在−0.03～−0.08MPa，设备运行故障可能导致真空异常，如皮带跑偏、真空系统泄漏、真空箱密封水流量低、真空泵密封水异常、摩擦带损坏等，应及时调整。

(2) 滤饼厚度控制。石膏滤饼厚度一般控制在20～25mm，最高不超过35mm，皮带速度不宜过快，否则易引起皮带跑偏、滤布跑偏和磨损，加速设备损坏。滤饼过厚会使真空度增加，脱水效果变差，导致含水率升高。

(3) 水环式真空泵密封水流量控制。水环式真空泵密封水流量通常控制在5～8m^3/h，避免密封水流量高造成真空泵电流高，或密封水流量低无法形成水封影响真空度，真空泵停运后及时进行疏水，防止叶轮腐蚀。

(4) 密封水流量控制。皮带机真空箱密封水宜采用水质较好的工艺水或工业水，减少胶带和滑台磨损。密封水流量计应采用模拟量流量计便于水量的调整控制，密封水流量通常控制在2～3m^3/h。

(5) 气源压力控制。真空皮带机滤布纠偏装置气源压力以能平稳推动纠偏辊，实现滤布平缓纠偏，一般控制纠偏装置气源压力大于或等于0.4MPa。

(6) 滤布冲洗水压力控制。滤布冲洗水压力通常控制在0.5MPa左右，喷嘴出水应为扇形交叉状态，冲洗水流量根据经验确定，在充分洗净滤布前提下尽量降低冲洗水耗量，降低系统水平衡，控制冲洗水压力。

(7) 滤饼冲洗水控制。滤饼冲洗水根据石膏用途、用户对石膏品质要求选择性投入，若用户对石膏中氯离子含量无特别要求，建议减少滤饼冲洗水量。

(8) 石膏品质控制。当石膏中杂质含量增加时，石膏的脱水性能显著下降，且影响石膏作为商品的质量，必须将石膏中的杂质控制在规定范围。若石膏中的碳酸钙含量高(>3%)，说明塔内石灰石过剩，应检查化验石灰石品质、浆液过筛率和pH值控制等。

七、 系统水平衡测试和运行优化

(一) 系统水平衡测试

脱硫系统水平衡控制优化的目的是合理降低系统用水量，减少外排水量，提高用水效率。脱硫系统水平衡评价指标主要包括发电水耗率、复用水率、废水回用和排放率等，找出影响脱硫系统水平衡的主要因素，在运行方式优化的基础上制定节水方案。

(1) 开展水平衡试验。掌握脱硫系统进水和耗水现状，计算各子系统用水量之间的定量关系，对用水方式进行优化。

(2) 制定脱硫系统与水膜除尘系统（de-dust-unit for ultra clean，DUC)、湿式除尘等水膜除尘一体化水平衡控制方案。消除DUC升气帽泄漏问题，严格控制水膜除尘器差压，运行中除尘收集水箱应实现自动联锁补水并根据浊度和pH值进行除尘水置换，通过一级除雾器冲洗或排放的形式消耗除尘水。

（3）安装烟羽脱除装置脱硫系统，制定脱硫系统与烟羽消白系统一体化水平衡控制方案。通过测试浆液冷凝烟羽消白系统投运后，吸收塔进出口烟气含湿量、外排石膏带水量、废水排放量、除雾器冲洗水量、工艺水补水量等，评估烟羽消白系统对脱硫系统水平衡的影响，制定制浆、吸收塔工艺水补充、工艺水梯级利用等措施，缓解吸收塔工艺水消耗与冷凝水产生量的动态失衡。

（二）系统水平衡运行优化

吸收塔补水要以除雾器冲洗的形式进行补充，减少其他形式的补水。除雾器冲洗水量、频率和冲洗持续时间除保证除雾器性能要求外，要满足吸收塔水平衡的要求。减少系统内漏水，检查工艺水系统所用冲洗水阀门运行状况，重点排查除雾器冲洗水阀、事故喷淋水阀、滤布冲洗水箱浮球阀等内漏情况，防止因冲洗阀门内漏影响脱硫系统水平衡控制。

（1）制浆系统和脱水系统尽量同时运行，优先选用滤液水制浆，提高滤液水循环利用率，减少新鲜工艺水的使用。

（2）氧化风机增湿水对吸收塔水平衡造成影响的，建议进行间隔冲洗冷却，可增加隔离电动阀门，设定冲洗间隔周期不大于20min，水压控制在0.1～0.3MPa。

（3）优化管道冲洗时间，根据浆液管线长短、管径大小、冲洗水压力流量等，确定合理的冲洗时间，减少管道冲洗水耗量。

（4）冷却水量大的设备应尽量接用厂内闭式循环冷却水，如增压风机、浆液循环泵等。泵类机封水等开式水应合理设置水量，并对排水进行回收使用，设备停运时应及时关闭轴封水（防寒防冻措施除外）。

（5）非必要不投用真空皮带机滤饼冲洗水，以减少石膏附着水携带同时增加氯离子等离子携带，达到节水的目的。

八、SO_2 排放控制运行优化

净烟气 SO_2 排放浓度控制对脱硫系统的能耗、物料等主要控制指标影响较大。应科学设定排放控制值，优化运行控制逻辑，指导运行的操作调整。出口 SO_2 浓度为控制目标，目标值宜控制在排放限值的80%～90%。控制方式上采用浆液pH值和浆液循环泵的耦合控制，保证安全运行和石膏品质的前提下，以提高浆液pH值，减少浆液循环泵的方式进行调整。在出口 SO_2 浓度稳定的情况下，如果浆液循环泵组合方式已是最优，且浆液pH值未达到最高值，应提升浆液pH值。如果浆液pH值已达最高值，并且出口 SO_2 浓度超出设定值，此时应调整浆液循环泵运行组合方式，浆液循环泵运行组合方式调整后，继续进行浆液pH值和浆液循环组合方式的耦合控制。

优化控制策略，前馈控制器将新鲜浆液密度、原烟气体积流量、原烟气二氧化硫浓度等变量引入到调节过程中，当原烟气 SO_2 浓度发生变化时，前馈控制能快速响应，当净烟气 SO_2 浓度发生变化时，前馈控制和反馈控制共同作用，实现供浆泵自动控制。根据脱硫

设计和负荷快速调整的需要，可在控制中进一步将机组负荷、风机、磨煤机等参数引入调节过程，提高调节品质，以适应脱硫系统快速变负荷响应能力。

九、吸收塔浆液参数运行优化

（一）吸收塔浆液 pH 值运行优化

（1）从脱硫反应看，单塔单循环系统吸收塔浆液 pH 值一般可控制在 4.8～5.5 范围内。根据脱硫系统设计和煤质条件，试验分析最佳运行 pH 值，运行控制在最佳值的±0.2 范围。运行中避免 pH 值快速升降。

（2）对于双循环系统，两级浆液循环过程相互独立，避免工艺参数之间的相互制约，一级塔浆液应维持较低的 pH 值，一般控制在 4.5～5.5，二级塔（AFT 塔）浆液应维持较高的 pH 值，一般控制在 5.5～6.5。

（3）正常运行期间必须严格按照运行规程的要求进行 pH 值的调整和控制，根据机组负荷、烟气量、出口 SO_2 浓度选择最优的 pH 控制值，并尽可能保持 pH 值运行的稳定，避免大幅度波动，控制出口 SO_2 浓度压线运行。

（4）优化吸收塔浆液 pH 值自动控制逻辑，消除调节的滞后性，主调节中引入前馈解决调节阀开度和供浆流量线性不好问题，维持 pH 值相对稳定，避免大幅波动或长期偏离最佳值。

（5）每日对在线 pH 表计与便携式表计实测 pH 值进行比对，检验在线 pH 计测量的准确性，偏差范围超过 0.2 时应重新标定，保留比对和标定记录。

（6）吸收塔浆液 pH 计应设置自动冲洗程序，冲洗时间和间隔周期应根据现场 pH 安装位置、管路长短等合理设置，建议冲洗间隔设置不超过 2h。pH 计冲洗时，供浆自动调节控制逻辑中应设置 pH 值保持，防止 pH 计冲洗时造成供浆流量大幅波动。

（7）具有多个石灰石浆液箱或有备用石灰石浆液泵的，要增加供浆系统出口母管的互联互通，实现单泵供多塔，降低能耗并提高供浆可靠性。

（8）应制定石灰石浆液理论供浆流量对照表供运行值班人员参考比对，并通过供浆实际值与理论值的比较，确定修正系数，为运行人员在 pH 计失准、吸收塔浆液中毒、包裹封闭等异常工况下的供浆操作调整提供支撑依据。

（9）高位布置的 AFT 塔，其浆液 pH 计排浆管应改造成自流进入吸收塔，避免排入地沟或地坑再返回吸收塔，减少地坑泵运行时间。

（二）特殊工况下 pH 值的运行控制

（1）当出口 SO_2 浓度偏高时，优先采用提高 pH 值方式降低出口 SO_2 浓度，在不增启循环泵的情况下，允许吸收塔（一级塔）浆液 pH 值控制上限由 5.5 调整到 5.8（应优先提高供浆量、保持 pH 值稳定，不能满足时可提高 pH 值），二级塔（AFT 塔）浆液 pH 值控制上限由 6.5 调整到 6.8，以减少循环泵运行台数，提高运行经济性。

（2）当出口 SO_2 浓度偏低时，优先采用减少循环泵运行台数或改用低功率循环泵的运行方式，来提高出口 SO_2 浓度，达到节能效果；循环泵运行方式按上述调整后，允许吸收塔（一级塔）浆液 pH 值控制上限由 5.5 调整到 5.8，二级塔（AFT 塔）浆液 pH 值控制上限由 6.5 调整到 6.8。

（3）当出口 SO_2 偏低且不能调整浆液循环泵运行方式的情况下，为防止出口 SO_2 浓度为 0，引起环保造假嫌疑，允许二级塔（AFT 塔）浆液 pH 值控制下限可由 5.5 调整到 5.0。

（4）当出口 SO_2 浓度偏低、二级塔（AFT 塔）循环泵未运行且吸收塔循环泵不能调整运行组合方式的情况下，为避免出口 SO_2 浓度为 0，引起环保造假嫌疑，允许吸收塔（一级塔）浆液 pH 值控制下限由 4.8 调整到 4.5。

（5）单塔单循环泵系统在提高节能水平的前提下，吸收塔浆液 pH 值控制可适当放宽，但下限不得低于 4.5，上限不得高于 5.8。

（6）上述特殊工况下的调整限值仅是通用控制红线，实际运行中应在该红线范围内结合实际确定适宜脱硫装置的上下限值，保证浆液品质和环保达标。

（三）吸收塔/AFT 塔浆液密度运行优化

（1）吸收塔（一级塔）浆液密度是决定石灰石利用率和石膏品质的重要参数，通常应控制在 1080～1150kg/m^3，通过石膏排出泵将塔内浆液排至一二级脱水系统控制浆液密度，理论上来说，石膏浆液密度高于 1150kg/m^3 时，吸收塔浆液中的 $CaCO_3$ 和 $CaSO_4 \cdot 2H_2O$ 的浓度已趋于饱和，$CaSO_4 \cdot 2H_2O$ 对 SO_2 的吸收有抑制作用，脱硫效率会有所下降，同时浆液循环泵电流也会上涨，而石膏浆液密度低于 1080kg/m^3 时，浆液中 $CaSO_4 \cdot 2H_2O$ 的含量较低，$CaCO_3$ 的含量相对升高，石膏品质降低，如脱水易造成石灰石的浪费，日常运行时石膏浆液密度控制在 1100～1130kg/m^3 有利于 FGD 的有效、经济运行。二级塔（AFT 塔）浆液密度应控制在 1030～1080kg/m^3。

（2）要严格控制吸收塔浆液密度、液气比，并提高氧化率，防止硫酸钙过饱和在塔内各组件表面析出结晶形成石膏垢。

（3）高位布置的 AFT 塔，其浆液密度计排浆管应改造成自流进入吸收塔，避免排入地沟或地坑再返回吸收塔，减少地坑泵运行时间。

（4）对 AFT 旋流系统进行优化改造，将 AFT 塔与吸收塔联通，AFT 塔浆液通过自流返回吸收塔。对于双塔双循环系统，可在二级塔旋流泵出口接一路支管直接排浆到吸收塔，而不经过旋流器。

（5）吸收塔浆液密度计必须长期在线、测量准确，建议将密度计安装在浆液循环泵出口管道，再排浆返回吸收塔，利用循环泵出口稳定的浆液流量和压力，提高密度计测量准确性，同时也减少浆液外排。

（6）AFT 塔浆液密度测量失准多为介质含有起泡或系统扰动较大引起，建议更换为带有缓冲箱的可静置测量的差压式密度计，也可考虑通过线性拟合的办法，用AFT塔循环泵电流估算浆液密度值。

（7）运行人员应对在线密度计和化验实测密度进行比对，偏差范围超过10kg/m^{3}时应进行校准，确保测量数据的准确性。

（8）定期测量吸收塔浆液上清液密度，上清液密度高于1030kg/m^{3}时，应加大废水排放量，防止杂质离子富集，造成浆液密度上升。

（四）吸收塔液位运行优化

（1）通过开展吸收塔液位试验，深入研究分析吸收塔液位对脱硫效率、浆液停留时间、氧化风机和循环泵电耗等的影响。一般情况下，吸收塔液位与氧化风机电耗正相关，与循环泵电耗负相关，高液位有利于SO_2吸收和氧化反应，综合能耗降低，具体要通过试验综合确定最佳液位控制范围。

（2）浆液停留时间是影响石灰石溶解、石膏结晶以及防止结垢的重要因素，浆液停留时间等于吸收塔浆液体积与循环泵浆液总流量之比，根据吸收塔浆池直径、设计浆液停留时间、循环浆液总流量，计算出满足设计浆液停留时间的吸收塔液位控制范围。

（3）根据设计浆池容积，计算吸收塔溢流高度并与现场实测高度进行比对核实。实际运行中一般吸收塔液位上限控制要低于吸收塔溢流高度1.5～2m。

（4）吸收塔或一二级塔液位的补充要优先考虑除雾器冲洗，减少工艺水直接补水。当事故浆液箱存有浆液时，应间断性倒入吸收塔消化，防止倒浆造成吸收塔高液位溢流。

（5）吸收塔液位高，水平衡难以控制时，参照本文件第三节“脱硫水平衡失控”相关内容排查和处理。吸收塔起泡产生虚假液位要及时添加消泡剂除泡。

（6）吸收塔液位测量采用质量流量计＋压力变送器测量回路的，在质量流量计冲洗时应设置密度保持或选用固定密度值，避免冲洗时密度变化造成吸收塔液位测量值大幅波动，影响除雾器冲洗程序或造成设备液位低联锁动作。

（7）吸收塔液位测量采用差压变送器＋压力变送器测量回路的，差压变送器采用隔膜式分体结构，两个远传膜片安装在吸收塔侧壁合适的位置（高差一般控制在3～5m），由于压力变化范围小，因此宜选择高精度的微差压变送器。

（8）定期检查、标定液位计确保测量数据的准确性，吸收塔液位计算逻辑中的密度值应能在密度计异常时自动切换至定值计算，防止吸收塔液位频繁波动。吸收塔液位测量压力变送器管道冲洗时要解除附属设备的低液位联锁保护。

第三节 脱硫系统故障与处理

石灰石-石膏湿法烟气脱硫系统复杂、设备较多，其脱硫过程涉及一系列复杂的气、液、固三相物理、化学反应。在生产运行过程中，由于工艺条件与设计条件的偏离、运行环境的恶化、控制指标参数的改变、运行人员操作的不当，都可能引发脱硫系统运行故障，直接影响脱硫系统的安全、环保达标运行。本节以生产运行经验为基础，以运行调整为切入点，对脱硫系统常见的典型故障进行分析。

一、循环泵出口膨胀节运行中破裂漏浆

（一）故障现象

某项目超低排放改造及大修期间，两台脱硫AFT塔及吸收塔所有循环泵的出口膨胀节均采用某公司产品，共计12套，运行不到半年有四套循环泵出口膨胀节出现裂纹，且1号-A循环泵出口膨胀节运行中出现撕裂喷浆，运行电流增加、净烟气SO_2浓度快速增加、AFT塔液位下降。循环泵出口膨胀节橡胶撕裂见图2-1。循环泵出口膨胀节法兰耳板被拉弯见图2-2。

图2-1　循环泵出口膨胀节橡胶撕裂

图2-2　循环泵出口膨胀节法兰耳板被拉弯

（二）原因分析

（1）按照原设计，AFT循环泵与吸收塔循环泵出口膨胀节都采用公称压力为PN0.6型号常规橡胶膨胀节，设计提资没有提出要求膨胀节抵抗盲板力（内压推力）大小。

（2）AFT塔循环泵出口处的工作压力比吸收塔循环泵出口的压力大。以该项目为例：AFT塔液位30m，AFT塔循环泵扬程20.9m，AFT塔循环泵出口压力约50.9m。吸收塔液位为14m，吸收塔循环泵扬程22m，吸收塔循环泵出口压力36m。如果考虑浆液密度，AFT塔循环泵出口压力接近设备规格，余量不大。

（3）在布置上，新增的AFT塔循环泵与原吸收塔循环泵出口管道布置上，新增AFT塔循环泵出口水平段较长。新增的AFT塔循环泵与原吸收塔循环泵出口管道布置方式上基本相似，泵出口经过膨胀节及弯头后，经过一段水平段，到吸收塔壁板后再垂直向上，到达相应喷淋层。水平段第一个管支座都没有设计上下方向上的限位，只是将管支座搁在穿墙的梁上。不同点是吸收塔循环泵离塔壁较近，水平段相对较短，一般在4.5m左右，而AFT塔循环泵到达吸收塔的水平段距离较长，较长的有18m左右，较短的也有6m。由于

没有限位，膨胀节上的盲板力将全部传给整个水平管道以及垂直段。水平段越长，管道变形会越大，垂直段的重量将不能压住膨胀节处的盲板力。因此AFT塔出口膨胀节两端的法兰几乎没有垂直段管道的重力，所以该膨胀节栏限位螺杆受到更大的拉力，甚至在出现耳板变形的情况下导致受力不稳，螺杆拉断。

因此可以判断，AFT塔循环泵出口的膨胀节与吸收塔循环泵出口的膨胀节相比，不仅其橡胶要承受更大的压力，而且因水平段较长，其定位螺杆将承受更大的拉力。出口水平段不同长度现场布置图片见图2-3。

图2-3 出口水平段不同长度现场布置图片

（三）处理措施

（1）吸收塔循环泵出口膨胀节是沿用以前型号，如在使用中出现裂纹，应为产品质量问题，需要由厂家更换。

（2）循环泵出口水平段第一个支座处如果不能设计上下方向的限位时，该位置膨胀节的选型要提供盲板力大小。

（3）AFT塔循环泵出口膨胀节要承受更大的内部压力，选用PN1.0等级的膨胀节，提高使用可靠性。

二、循环泵叶轮腐蚀

（一）故障现象

浆液循环泵运行中石膏浆液给叶轮带来强烈的腐蚀和磨损，长期造成泵的安全、经济运行存在较大风险，在机组等级检修过程中经常发现浆液循环泵叶轮磨损腐蚀严重问题（见图2-4），日常运行发现处理明显不足。

（二）原因分析

（1）石膏浆液Cl^-含量长期超标准值20000mg/L。

（2）浆液循环泵的静态腐蚀，主要是烟气中的酸性物质的腐蚀（主要有SO_2、SO_3、SO_4^{2-}、O_3^{2-}、Cl^-和F^-）与石灰石浆液中的$CaCO_3$、SiO_2、Al_2O_3等颗粒的流-固耦合磨

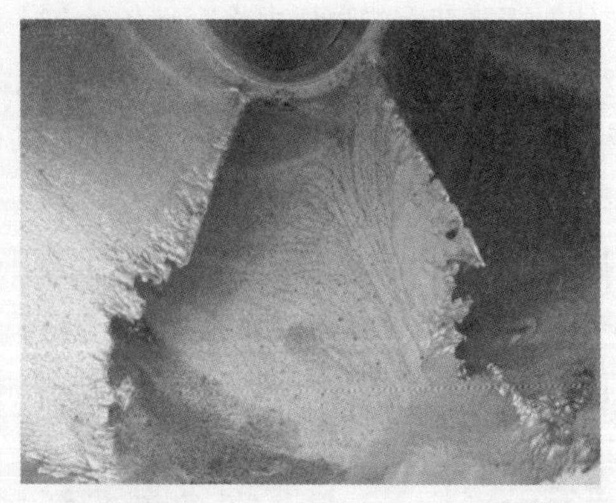

图 2-4　浆液循环泵叶轮磨损腐蚀图

损。在正常状况下，FGD 钢腐蚀率每年可达 1.25mm，而循环泵每年可达 8mm。

（3）浆液循环泵的冲蚀磨损，工质速度是影响循环泵磨损的主要原因，对于卧式单级离心泵的工质浓度场，进口处叶片尤其是靠近后壁面处磨损情况比较严重。

（4）大多数耐腐蚀金属都是通过在表面形成可阻止腐蚀进一步发展的钝化膜，但在运行过程中，由于磨损作用，钝化膜将受到不同程度的破坏，使金属裸漏出新鲜表面，而对于依赖钝化膜耐蚀在所处的介质中愈合能力又较差的金属，腐蚀速度迅速增加。

（5）空蚀作用。循环泵在运行时，过流部分局部区域因为某种原因，抽送液体的绝对压力降低到当时温度下的液体汽化压力时，液体便在该处开始汽化产生大量蒸汽，形成气泡。当含有大量气泡的液体流过叶轮内的高压区时，气泡周围的高压液体致使气泡急剧缩小以致破裂。在气泡凝结破裂的同时，液体质点以很高的速度填充空穴，在此瞬间产生强烈的水击作用。液体以很高的冲击频率打击金属表面，冲击应力和频率高。当金属表面被冲击的强度超过叶轮材料的极限强度时，金属表面出现裂纹。空蚀冲击波的能量足以把金属锤成细粒。此时金属表面呈海绵状，加之磨损腐蚀导致叶轮表面的凹坑，此点便成为新气泡形成的核心，从而加速叶轮材料的流失。

（三）处理措施

（1）严格控制石膏浆液的 pH 值在 4.8～5.3 之间，严格按照规程定期冲洗 pH 表计探头，确保 pH 表计测量的准确性，定期标定 pH 计。

（2）确保石灰石粉的粒度符合设计要求，即大于 90%过 325 目，以利于塔内化学反应的顺利进行。

（3）确保氧化空气系统的可靠投入，避免塔内 pH 值下降太低。

（4）加大废水投运力度，降低石膏浆液中 Cl^- 浓度，控制在标准值以内，避免腐蚀加剧。

（5）严格控制石膏浆液密度在规程要求范围内，避免叶轮磨损加剧。

（6）在确保脱硫效率的前提下，采用低转速循环泵可以减轻叶轮的磨损。

(7) 在保证浆液品质的前提下，控制进入吸收塔的氧化空气量，防止塔内浆液携带大量多余的空气进入到循环泵内，加速对叶轮的空蚀冲击。

(8) 防止浆液循环泵入口滤网堵塞。

(9) 选用耐腐蚀性和耐磨损性的材料。

三、除雾器结垢堵塞

(一) 故障现象

某电厂自机组投运以来，脱硫装置多次出现除雾器结垢、堵塞问题，机组大修期间进行除雾器清理，投运不到 4 个月时间，增压风机喘振明显，除雾器差压一个月内从 50Pa 缓慢上升到 100Pa，然后快速上升至 560Pa，判断为除雾器结垢，随即运行人员加大冲洗力度，疏通差压计管路。情况并未好转，机组降负荷运行 20 天后停机，检修人员进入吸收塔检查发现上、下两级除雾器有 20 余个单元垮塌或掀翻，整个除雾器被石膏浆液铺满，堵塞严重，垢物量大且难以清理。经对垢物化验分析观察发现，除雾器不同位置的垢物其硬度和形态差异较大，多为软硬混合垢，部分区域的垢物分层明显，两层软垢内部夹一层硬垢。对典型垢物进行扫描电镜微观分析，结果除雾器垢物扫描电镜分析图见图 2-5 和石膏扫描电镜分析图见图 2-6。

图 2-5 除雾器垢物扫描电镜分析图

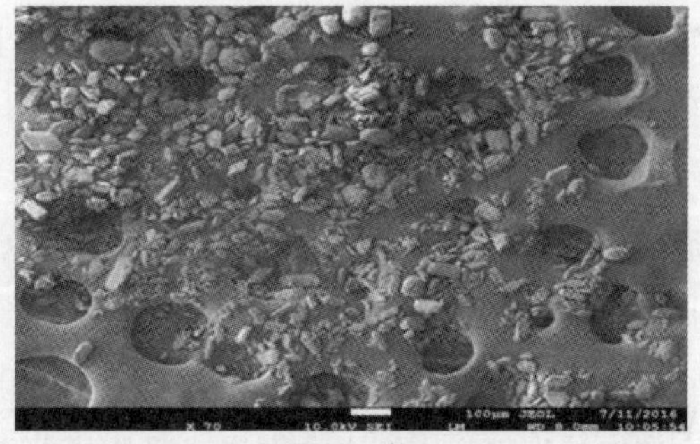

图 2-6 石膏扫描电镜分析图

(二) 原因分析

(1) 冲洗效果差。脱硫系统的除雾器都设计有冲洗装置，冲洗效果对除雾器结垢堵塞影响重大。除雾器冲洗水管道、喷嘴、阀门是否正常，喷嘴的布置、冲洗周期、冲洗水压均对冲洗效果有直接影响。首先通过查阅资料，排除冲洗水喷嘴与除雾器叶片间距设计、冲洗覆盖率对冲洗效果的负面作用。

在事故发生后，检修人员对该机组冲洗水管道和喷嘴进行逐个检查，结果表明 50 多个喷嘴发生堵塞或脱落。原因是喷嘴形式为轴向实心锥，外观见图 2-7，两级除雾器下表面冲洗水管上的喷嘴均为喷口向上，除雾器叶片上脱落的软垢极易进入喷嘴的出口，由于不是连续冲洗，喷嘴出口堆积的软垢经过一段时间的停留，会变得结实从而造成喷嘴堵塞。另外当冲洗水含固量较高或存在异物时，也会造成喷嘴堵塞。在后续运行中，发生喷嘴堵塞的区域形成冲洗死角，除雾器叶片无法得到冲洗，极易结垢。另外还有部分冲洗水喷嘴脱落或冲洗水管断裂，也会大大降低冲洗效果。冲洗水喷嘴脱落见图 2-8，圆圈处的喷嘴脱落，冲洗水呈柱状下流，冲洗面积大大减小，所对应的区域将无法得到有效冲洗。此类故障在运行中难以发现，需要每次停机时加强检修，及时对脱落和堵塞的喷嘴进行修复。

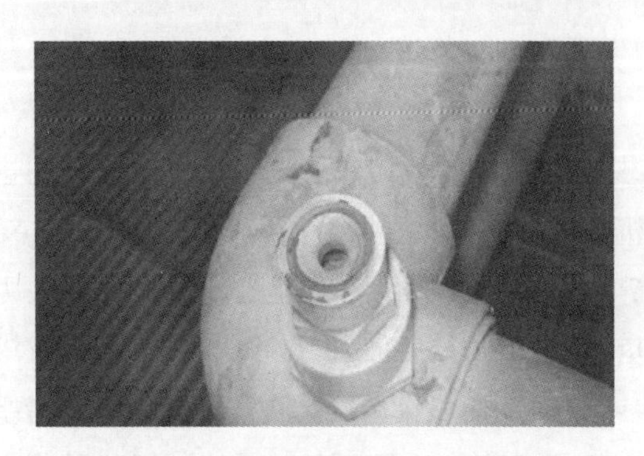

图 2-7　洁净的除雾器冲洗水喷嘴

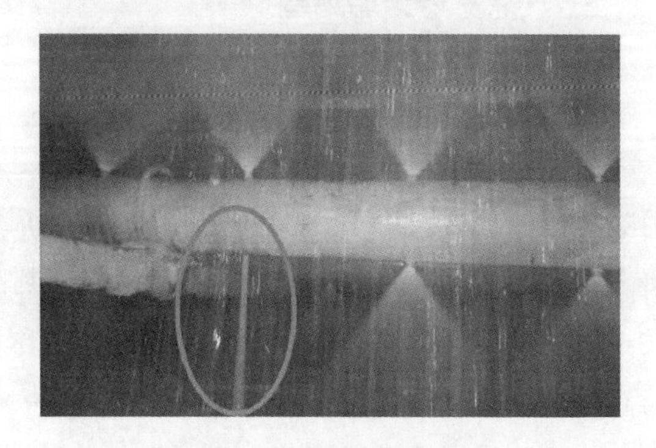

图 2-8　冲洗水喷嘴脱落

（2）冲洗周期是保证冲洗效果的主要手段，冲洗间隔太长，石膏浆液和烟气中的飞灰不断附着，除雾器表面结垢加重并经高温烟气冲刷而硬化，形成厚实致密的硬垢，冲洗将彻底失效。除雾器一般要求 2h 至少冲洗一次，但是历史数据表明该机组多次出现除雾器冲洗间隔超过 6h 的情况。冲洗周期过长的主要原因是吸收塔液位过高，除雾器冲洗水全部进入吸收塔浆液池，优先考虑控制液位避免发生溢流，只好延长冲洗周期，减少冲洗次数。

（3）冲洗水量不足。冲洗水量不足是造成冲洗周期过长的直接原因，也是造成除雾器结垢的根本原因。运行中吸收塔液位经常过高，难以接纳大量的除雾器冲洗水，原因是机组长期在 70%以下负荷运行，烟气蒸发水量少，脱硫废水处理系统故障频发投运率过低，导致脱硫系统水平衡被破坏，吸收塔液位难以控制。另外，现场检查还发现除雾器冲洗水阀存在内漏现象，内漏水全部进入吸收塔浆液池，导致在运行时冲洗水量进一步降低，冲洗效果无法保证。

（4）冲洗水水质分析。除雾器通过间接冲洗来保持叶片表面洁净，避免发生局部结垢。该机组除雾器冲洗水来源为电厂循环排污水，水质分析显示 pH 值为 8.26，且 Ca^{2+} 含量 237mg/L，SO_4^{2-} 含量 1572mg/L，指标均超出《湿法烟气脱硫装置专用设备　除雾器》(JB/T 10989—2010) 标准中建议值（Ca^{2+}＜200mg/L，SO_4^{2-}＜400mg/L，pH 值 7～8）和除雾器厂家的建议值。冲洗水的硫酸根和钙离子含量较高，导致冲洗效果较差。另外，叶片表面残留的冲洗水与烟气接触时，会继续进行脱硫反应，形成结晶垢。

（5）浆液参数影响分析。石膏浆液 pH 值较高、密度较高、氧化效果差等都容易引发吸收塔内部结垢，包括除雾器，若控制不当，会快速发展成为大面积堵塞。

运行中，浆液 pH 值通过控制石灰石浆液的补充量来进行控制。pH 值较高时，表明浆液中存在过量的$CaCO_3$，过量的$CaCO_3$在除雾器表面沉积后，与烟气中残留的SO_2继续反应，形成结晶垢。浆液和石膏中的碳酸钙含量高，是导致除雾器结垢的一个主要原因。其次，根据已有的研究结论，pH值较高时，循环浆液中存在的硫主要以SO_3^{2-}形式存在，随pH值升高，$CaSO_3$的溶解度急剧下降，极易使$CaSO_3$达到饱和，而在塔壁和部件表面上结晶。控制pH值较高的原因是脱硫塔入口SO_2浓度较高，设计值标准状态下6522mg/m^3，且波动大，为确保排放达标，一般控制pH值较高。

该机组浆液密度也多次出现高于设计值的情况，原因是石膏脱水系统为多台机组公用，石膏溢流箱容量不足，多台机组同时脱水石膏溢流箱会溢流，排浆不及时导致浆液密度较高。浆液密度高会导致石膏饱和度较高，易于结垢。脱硫浆液氧化效果较好，对除雾器结垢影响较小。

（6）仪表因素影响分析。在脱硫系统运行过程中，冲洗水运行的调整依据主要是除雾器压差，压差增高，应加强冲洗。然而实际运行中，由于该表计安装位置为正压，接触湿烟气，浆液液滴极易进入取样管，且难以清理，恶劣的工作环境使得该表计长期读数不准，失去指导意义。历史运行记录显示多次出现除雾器压差瞬间波动、长时间无变化甚至除雾器前后压差显示为负数的情况，运行人员无法及时发现问题，导致除雾器结垢问题不断发展，严重影响系统的正常运行。

（三）处理措施

（1）提高冲洗效果。塔内部除雾器冲洗水喷嘴和管道故障率较高，对此建议检修人员在每次停机后都应对该区域设备进行详细检查，及时更换和清理冲洗水管路上掉落和堵塞的喷嘴，修复冲洗水管道，确保冲洗水系统的“硬件”正常。在封人孔门前，应先做除雾器冲洗试验，观察冲洗效果，调整冲洗压力。运行中严格按照规程要求循环地进行冲洗，各区域2h最少冲洗一次，发现除雾器前后压差有增大趋势，适当缩短冲洗周期。长期低负荷运行，遇到液位高与冲洗周期的矛盾时，冲洗不及时带来的问题更为严重，因此应侧重于除雾器冲洗，建议采取先排掉部分浆液至事故浆液箱暂存来降低液位，确保除雾器的及时冲洗。

（2）确保冲洗水量。足够的冲洗水量才能保证冲洗周期和冲洗效果。通过以下措施来确保除雾器冲洗水量：首先应避免机组长期在低负荷下运行，恢复脱硫废水处理系统出力，提高废水排放量，禁止环境卫生冲洗水进入脱硫系统，维持系统水平衡。加强除雾器冲洗水阀的日常维护和管理，对于出现故障的阀门应在最短时间内给予修复，避免阀门内漏。同时降低设备的切换频率，以此减少各类浆液泵及管道冲洗水量。

（3）控制水质指标。对冲洗水水源进行优化，控制来水品质。除雾器冲洗和工艺用水合用一座水箱，运行中注意检查石膏浆液和石灰石供浆系统的各个冲洗水阀门内漏情况，确保工艺水泵出口压力高于各浆液泵出口压力，避免浆液成分通过内漏的阀门进入工艺水箱，恶化除雾器冲洗水水质。

（4）优化浆液运行参数。浆液的 pH 值应严格控制在 4.8～5.3 之间，且尽量稳定，避免大幅波动。在脱硫系统启动前，向吸收塔补充石灰石浆液时，必须将 pH 值控制在下限水平，并加入适当的石膏晶种，利于反应产物在已有的晶体表面生长。尽快完成脱水系统的增容改造，运行中控制合理的石膏饱和度，避免浆液在吸收塔浆池外的其他部位发生结晶反应。

（5）加强除雾器压差监视。除雾器压差计对于除雾器的运行至关重要，目前各个位置仅安装一个点，不能全面反映除雾器运行状况，建议增加一组测点，并定期进行疏通和校验，保证测量孔畅通，提高测量值的准确度。同时建立引风机电流、脱硫塔入口烟气压力等参数的运行卡片，运行操作中通过观察引风机电流、吸收塔入口压力等参数的变化，间接判断除雾器压差的真实情况，在结垢问题出现早期采取应对措施，避免结垢的快速发展。

四、石膏浆液脱水效果差

（一）故障现象

某电厂脱硫石膏脱水系统运行，发现在石膏滤饼上部均匀分布有一层油泥。由于油泥颗粒度较小，且具有较强黏性，严重影响石膏滤饼的通透性，在脱水机真空度达到－60kPa 时，石膏仍存在脱不干现象。石膏滤饼上分布油泥见图 2-9。

图 2-9　石膏滤饼上分布油泥

（二）原因分析

（1）石灰石纯度不达标，反应不充分，当石膏浆液中碳酸钙含量高，造成脱水困难。

（2）脱硫入口烟气含尘量超标，不断增加的重金属离子浓度对吸收塔内 SO_2 的去除及石膏晶体的形成会产生不利影响，导致吸收塔效率降低，浆液品质差，脱水困难。

（3）石灰石酸不溶物含量超标，平均含量为 7.5％。

（三）处理措施

（1）为降低滤饼上部的油泥层厚度，将石膏旋流器旋流子运行个数由原来三个减少为两个，并通过调节石膏排出泵出口至石膏旋流器手动阀的开度，调节石膏旋流站运行压力，并使其保持运行上限压力，提高石膏旋流器的分离效果。

（2）为防止滤布卷边、跑偏，影响真空度，在脱水机滤布两侧加装滤布压紧装置。破坏滤饼上部的油泥层，在脱水机上加装格栅耙犁。

（3）延长脱水系统运行时间，提高浆液置换率。

（4）2号脱水机滤布有堵塞现象，加大滤布冲洗水量，在条件允许时，更换2号脱水机滤布。

（5）做好与电厂的沟通工作，做好配煤掺烧工作，避免投油。

五、增压风机导叶失调

（一）故障现象

某电厂1号机组启动，负荷到达150MW时，发现脱硫增压风机导叶开度只能在37%～52%范围内活动，动叶无法继续调整，且风机振动值大；经过风机负荷调整试验，初步判断增压风机导叶故障，需停运风机进行处理，随即1号机组解列停机。

（二）原因分析

（1）增压风机C级检修停运期间，风机内部由于烟气回流造成内部湿度较大；在潮湿的环境中，叶柄轴座发生锈蚀，部分叶片卡滞，在调整过程中出现角度不一致现象，导致叶片角度飘移；风机启动后由于其中一片叶片开度不一致，气流流过叶片后冲角发生改变，叶片的冲角超过压降时，气流离开叶片的凸面，发生过界层分离现象，产生大区域的涡流；此时风机全压下降，风机失速，气流紊乱，发出异音，风机振动加剧。

（2）检修没有按照相关规定进行风机动叶检查，传动试验过程中未发现风机动叶漂移现象。

（3）增压风机经过长时间运行后，液压缸密封件及活塞由于磨损导致配合间隙增大，造成液压缸内漏，不能保证液压油的油压和油量；调节叶片开度时，由于摩擦阻力增大，动叶发生停顿，调节角度受限。

（4）增压风机在静态时进行动叶调整，液压系统只需克服动叶自重及摩擦力；在动态过程（投入运行）调整动叶，液压系统需克服风机转子径向离心力及叶片转动风阻，由于液压缸内漏，油压达不到规定数值，导致在动态过程中，动叶调节角度受限。

（5）增压风机C级检修停运期间，风机内部由于烟气回流造成内部湿度较大，在空气潮湿的环境中叶柄轴座易发生锈蚀，部分叶片卡滞造成摩擦力增大，液压缸调节阻力增大，影响动叶开关调节。

（三）处理措施

（1）加强检修管理，按照检修要求和相关规定进行风机动叶等进行设备检查，做到早发现、早处理。

（2）设备检修严格执行质量监督检查工作，做到“应修必修，修必修好”的原则。

（3）做好风机检修过后的传动试验工作，及时发现隐患并进行排除。

六、氧化空气管道结垢

（一）故障现象

某电厂在机组运行期间，石膏浆液亚硫酸钙含量有逐步上涨趋势，脱水效果变差，检修期间对脱硫氧化空气管道弯头进行拆卸检查，发现吸收塔氧化空气分支管道喷嘴均有不同程度的堵塞，管道内堆积石膏状物，质地坚硬难以清除，用高压水枪冲洗方可除掉。

（二）原因分析

（1）氧化风机管道和喷嘴堵塞，主要因为进入吸收塔的空气温度过高，在氧化空气管道及喷嘴处，浆液中的水分瞬间蒸发，浆液中的固体物质黏结在管壁和喷嘴上，造成结垢，堵塞管道和喷嘴。氧化空气管道和喷嘴堵塞的直接后果是氧化风流量减少，氧化池部分区域氧化风供应不足。

（2）氧化空气减温水故障，导致氧化风机出口的高温空气不能得到有效冷却。

（3）吸收塔液位波动大，当吸收塔液位过高时，会导致氧化风机出口压力升高，温度也随之升高。吸收塔液位每升高 1m，氧化风机出口压力升高 10kPa 左右，温度升高 10℃左右。

（4）氧化风机设计进口温度为 11.2℃，而在实际运行中，循环泵房散热效果差，室内温度较高，夏天时可高达 40℃，这使得氧化风机出口温度相应升高。

（三）处理措施

（1）控制吸收塔液位在合适范围，氧化空气管排设置在吸收塔标高 8.1m 处。液位过高会增大管排处的静压，使氧化风机出口压力和温度升高，液位过低会降低氧化池的深度，减少氧化空气在浆液中停留的时间，影响氧化效果。综合这两方面因素，将吸收塔液位保持在 10m。

（2）加强对氧化风机出口温度和减温水流量的监视，及时对设备健康状况进行诊断和分析。

（3）对氧化空气减温水系统进行改进。将减温水母管直径由原来的 32mm 更换为 57mm，同时更换减温水喷嘴，增大喷嘴内径，提高减温水流量；在减温水母管处加装滤网，以防止减温水喷嘴堵塞。

七、脱硫磨制石灰石浆液密度低

（一）故障现象

某公司 2×600MW 机组脱硫系统采用两台湿式球磨机制浆，正常运行中，两台湿式球磨机给料量 22～26t/h，研磨水 18～20t/h，再循环箱补水 50～60t/h。根据湿式球磨机运行规律，湿式球磨机电流下降至45A时需进行钢球补充，电流升高1A。根据化验结果显示，湿式球磨机制浆密度及过筛率基本达到设计要求，但中继箱和石灰石浆液箱内浆液密度均偏低，且箱内浆液放置时间越长浆液密度越低，正常运行中石灰石浆液密度见表2-17。

表2-17 正常运行中石灰石浆液密度

日期	1号旋流器溢流浆液密度	1号过筛率	2号旋流器溢流浆液密度	2号过筛率	中继箱浆液密度	1号石灰石浆液箱密度	2号石灰石浆液箱密度
	kg/m³	%	kg/m³	%	kg/m³	kg/m³	kg/m³
11月12日	1199	95.6	1227	93.4	1176	1148	1152
11月25日	1201	93.3	1204	92.4	1171	1151	1156
12月15日	1212	92.5	1225	93.3	1188	1153	1158
12月28日	1195	94.8	1191	95.4	1165	1143	1144
1月5日	1198	91.9	1206	90.2	1170	1149	1152

由表2-17看出，石灰石浆液在中继箱及石灰石浆液箱中密度明显降低，中继箱中降低3～23kg/m^3，到石灰石浆液箱中进一步降低2～14kg/m^3；石灰石浆液箱内密度平均为1151kg/m^3，密度偏低导致运行中吸收塔供浆流量偏大。当主机负荷升高至450MW时，吸收塔供浆流量调节阀就已经达到最大开度100%，供浆流量达到最大，但吸收塔pH值仍然升高较慢，多次造成出口SO_2浓度超标。

（二）原因分析

（1）首先排查设备问题。根据湿式球磨机运行中吐渣量增加、吐料口排出衬板碎片的现象，判断湿式球磨机内部衬板及提升条有损坏的情况，降低湿式球磨机的出力。同时，再循环箱回流调节阀频繁故障损坏，导致再循环箱回流无法调节，再循环箱补水量增加；回流阀门堵塞后，再循环箱补水量增加约10t/h，降低制浆密度。此外，检查石灰石旋流器入口节流孔板及沉沙嘴均有磨损现象。

（2）根据化验结果分析，磨制系统中有两部分工艺水无法收集，进入石灰石浆液中使得浆液被稀释。一部分水来自湿式球磨机运行中的冷却水和设备的机械密封水，这部分水通过管道流入地沟，最终收集在磨制车间地坑内，通过地坑泵排至中继箱；两台湿式球磨机运行中冷却水及密封水量约为42t/h，地坑泵每16min启动一次，排出的水进入中继箱内，造成石灰石浆液密度被稀释。另一部分水为中继泵停运后管廊的冲洗水，中继泵根据石灰石浆液箱液位启动和停止，石灰石浆液箱液位低于3m时启动中继泵，液位高于5.8m时停运中继泵；中继泵停运后需要对出口长约700m的管廊进行冲洗，每次冲洗时间为15min，冲洗水量约为30m^3，冲洗水进入石灰石浆液箱后进一步稀释石灰石浆液密度。

（三）处理措施

（1）利用1号机组停运检修的机会，对1号湿式球磨机的衬板、提升条进行更换，钢球重新进行配比；针对再循环回流调节阀频繁故障的情况，将原隔膜调节阀更换成陶瓷调节阀，将石灰石旋流器入口节流孔板、溢流口节流孔板按照原尺寸进行更换。

（2）2号机组C级检修期间，对2号湿式球磨机进行检修维护，并将1、2号石灰石旋流器沉沙嘴进行更换。

（3）针对磨制系统中的水平衡问题，利用等级检修机会，对湿式球磨机前后轴瓦冷却水、润滑油站冷却水、减速机冷却水回水管路进行改造，分别将各路冷却水回水管改至1、2号再循环箱内。湿式球磨机冷却水回水改至再循环箱。

（4）优化中继泵的启停时间及管廊冲洗时间，减少冲洗水量。对联锁中继泵启动的石灰石浆液箱液位进行调整，从3m降至2m，尽量减少中继泵的启动频率；为减少冲洗水量，根据运行经验，将中继泵停运后冲洗时间由原来的15min缩短至8min，在确保管廊不发生堵塞的情况下，减少冲洗水量。

八、浆液“中毒”

（一）故障现象

原烟气总量不变时增加$CaCO_3$浆液而pH值变化缓慢或持续降低，脱硫效率下降。

（二）原因分析

（1）由于烟气量或FGD进口原烟气浓度突变，造成吸收塔内反应加剧，$CaCO_3$含量减少，pH值下降，此时若石灰石供浆流量自动投入为保证脱硫效率则自动增加石灰石供浆量以提高吸收塔的pH值，但由于反应加剧吸收塔浆液中的$CaSO_3 \cdot 1/2H_2O$含量大量增加，若此时不增加氧量使$CaSO_3 \cdot 1/2H_2O$迅速反应成$CaSO_4 \cdot 2H_2O$，则由于$CaSO_3 \cdot 1/2H_2O$可溶解性强先溶于水中而$CaCO_3$溶解较慢，过饱和后形成固体沉积。

（2）吸收塔浆液密度高没有及时外排，浆液中的$CaSO_4 \cdot 2H_2O$饱和会抑制$CaCO_3$溶解反应。

（3）电除尘后粉尘含量高或重金属成分高，在吸收塔浆液内形成一个稳定的化合物，附着在石灰石颗粒表面，影响石灰石颗粒的溶解反应，导致石灰石浆液对pH值的调解无效。

（4）石灰石品质差，引起吸收塔浆液发生石灰石盲区。

（5）原烟气粉尘含量高，氟离子超标：浆液中的三价铝和氟离子反应生成AlF_3和其他物质的络合物，呈黏性的絮凝状态，附着于石灰石表面。封闭石灰石颗粒表面，阻止其溶解，降低浆液的pH值，导致脱硫率下降。因此需要添加石灰石来调节浆液的pH值，此时若石灰石供浆流量自动投入为保证脱硫效率则自动增加石灰石供浆量以提高吸收塔的pH值，从而使得吸收浆液中的石灰石过量。

（6）氧化效果差，风管布局不合理，氧化不充分会产生含有大量亚硫酸的小晶体，亚硫酸根的溶解会形成碱性环境，当亚硫酸盐相对饱和浓度较高时，亚硫酸盐所形成碱性环境也会增强，而碱性环境会抑制碳酸钙的溶解，从而使浆液中不溶解的碳酸钙分子大量增加，不仅增加浆液密度，也会降低吸收率。此时，如果有大量二氧化硫进入浆液，浆液 pH 值会快速降低，从而出现浆液密度高、pH 值却偏低的浆液中毒情况。

（三）处理措施

（1）若石灰石盲区发生，首先不考虑脱硫效率，暂停石灰石浆液的加入，待 pH 值下降至 4.0 左右，根据理论值计算石灰石浆液的加入量，使 pH 值逐步上升，脱硫率缓慢回升。控制塔内 pH 值是控制烟气脱硫反应的一个重要步骤，过高的 pH 值会严重抑制 $CaCO_3$ 的溶解，从而降低脱硫效率；而过低的 pH 值又会严重影响对 SO_2 的吸收，导致脱硫效率严重下降。

（2）增加氧化风量；提高吸收塔运行液位。

（3）若原烟气浓度含量高引起浆液中毒，申请机组负荷降低，减少 FGD 入口烟气量。

（4）向吸收塔内补充新鲜的石灰石浆液和工艺水，以便外排吸收塔浆液或排至事故浆液箱进行浆液置换。

（5）若 FGD 的入口粉尘浓度高，调整电除尘振打方式；提高除尘效率。

（6）若氯离子含量高，加强废水排放，降低吸收塔中的氯离子含量和重金属含量。

（7）同时加强对石灰石品质的化验。

九、吸收塔浆液起泡溢流

（一）故障现象

某电厂脱硫装置采用石灰石-石膏湿法单塔双循环烟气脱硫工艺，运行中发现吸收塔存在严重的起泡溢流现象，大量浆液泡沫从吸收塔溢流口溢出。吸收塔发生较为严重的起泡溢流会造成吸收塔产生“虚假液位”，导致浆液循环泵发生空蚀现象、亚硫酸钙氧化不充分、石膏品质下降、脱硫效率降低、污染现场设备及环境。溢流管道设计不合理或堵塞时，会发生虹吸现象，造成短时间内吸收塔液位的快速降低，严重时浆液泡沫会通过原烟道倒灌至引风机，发生严重的安全生产事故。

（二）原因分析

（1）吸收塔液位控制太高，运行液位超过吸收塔液位临界值，石膏浆液在氧化空气及搅拌器的推动作用下产生泡沫，通过吸收塔溢流管道溢流出吸收塔。

（2）吸收塔内浆液起泡或浆液密度较低时，吸收塔液位计测量失准，造成吸收塔实际运行液位高于液位计显示液位。特别是采用压差计算法测量液位，且密度采用固定值时更容易发生液位测量失准。

（3）吸收塔氧化风喷枪及搅拌器布置不合理。如采用单层搅拌器方案时，搅拌器及氧化风管距离吸收塔底板或循环泵入口管道较近时，由于密度差的作用，在吸收塔浆液中产生较多的浆液泡沫。该石膏浆液通过循环泵输送至喷淋层，经喷嘴雾化后在吸收塔液面产生浆液泡沫层。

（4）吸收塔溢流管设计不合理。如吸收塔溢流管入口位置距离石膏浆液氧化区较近，或溢流管通风口堵塞、溢流管与地沟液面形成水封。

（5）锅炉燃烧不充分，飞灰中可燃物含量较高。烟气中含有的碳颗粒或者焦油等未燃尽颗粒物随烟气进入吸收塔，引起石膏浆液中的有机物质含量增加形成油墨。石膏浆液在鼓入的氧化风及机械搅拌的作用下，产生浆液泡沫。

（6）烟气含尘量超标。烟气粉尘含量超过一定的标准，烟气中的粉尘、重金属、铁铝氧化物等大量惰性物质，通过烟气进入吸收塔，并不断在石膏浆液中富集，提高石膏浆液的黏度、增强浆液泡沫的稳定性。

（7）烟气含硫量不稳定，氧化风量调整不及时，导致鼓入吸收塔中的氧化风不足或过量。氧化风不足时，亚硫酸盐含量超标，增加石膏浆液的黏度，已造成石膏浆液起泡。氧化风持续过量，会使石膏浆液气-液界面增大，促进石膏浆液起泡。

（8）脱硫剂石灰石中氧化镁含量较高。石灰石中的氧化镁含量超标，与石膏浆液中的亚硫酸根发生反应，生产大量泡沫，并增强泡沫稳定性。

（9）脱硫工艺水COD、BOD超标。脱硫系统一般使用主机循环水作为脱硫补充用水，循环水中经常会加入阻垢缓释剂及以异噻唑啉酮为主要成分的杀菌剂，它们的加入不仅提高浆液的COD当量，还具有表面活性剂的作用降低浆液表面张力。通过石膏浆液的循环浓缩，使得石膏浆液中COD、BOD超标，导致浆液黏度增大，容易起泡且泡沫不易破碎。

（10）浆液循环泵及氧化风机频繁启停。浆液循环泵及氧化风机的频繁启动，会破坏吸收塔石膏浆液的气液平衡，增大对浆液的扰动，会促进浆液起泡，引发吸收塔溢流。

（11）脱硫废水处理系统不能正常投运。脱硫废水处理系统故障，或脱硫废水排放受限，脱硫系统无法排放废水，导致石膏浆液中惰性物质富集，提高石膏浆液黏性、增强泡沫的稳定性。

（三）处理措施

（1）根据吸收塔内部实测数据及吸收塔水平衡测试数据，结合运行工况，优化吸收塔水平衡及控制液位。检查是否有阀门内漏，调整除雾器冲洗间隔与时间，特别是在冬季低负荷时段要避免频繁启停系统设备，导致的吸收塔液位失控。

（2）调整吸收塔液位测量方式。采用压差计算法测量液位时，使用质量密度计并设置补偿量，通过手动测量浆液密度对在线数据进行补偿，提高液位测量的准确性。定期对吸收塔液位计、密度计进行校验，提高数据准确性。

（3）优化吸收塔氧化风喷枪及搅拌器布局。氧化风喷枪及搅拌器布局位置，应尽可能与浆液循环泵入口、吸收塔溢流管口位置保持较大的距离，氧化风喷枪避免距离吸收塔底板太近，避免运行中引起石膏浆液起泡。

（4）吸收塔溢流管入口应避开吸收塔氧化区，溢流管高度应高于吸收塔液面一定高度。溢流管应采用“U”形管，并设置对空排气，距离地沟应留有一定的距离，避免形成水封。

运行中应经常检查溢流管的对空排气管，避免结垢、堵塞，可在对空排气管适当位置设置冲洗水。避免吸收塔石膏浆液起泡后形成虹吸。

(5) 掌握锅炉燃煤配比，特别是机组启停、深度调峰中，要掌握锅炉燃烧方式。定期对粉煤灰中可燃物进行检测，提高燃烧效率，降低烟气中碳颗粒或者焦油等未燃尽颗粒物随烟气进入吸收塔。

(6) 加强原烟气粉尘浓度监控，发现异常及时联系调整除尘器运行参数，提高除尘效率，避免烟气中的粉尘、重金属、铁铝氧化物等大量惰性物质进入吸收塔。

(7) 加强燃煤掺烧配比，尽量保持原烟气二氧化硫浓度稳定。优化氧化风机运行控制方式，根据原烟气二氧化硫浓度调整氧化风量，避免氧化风量不足或过量。

(8) 加强石灰石粉质量监督。严格控制石灰石粉中氧化镁、酸不溶物及其他氧化金属含量。

(9) 加强脱硫工艺水的化学监督。重点关注脱硫工艺水COD、BOD、氯离子指标，使用循环水时要了解使用阻垢缓释剂、杀菌剂的使用情况。使用化学浓缩水时要重点关注氯离子浓度以及其他水处理药剂的使用情况。必要时更换脱硫补充水源，改善脱硫补充水质，优化工艺水的掺配使用。

(10) 开展浆液循环泵、氧化风机运行优化。根据各运行工况制定浆液循环泵、氧化风机的运行方式，避免频繁启动，减小对石膏浆液的扰动。

(11) 加强脱硫废水系统的检修、维护，必要时增设废水零排放系统，确保脱硫废水处理系统的正常投运，降低石膏浆液中惰性物质的浓度，提高浆液活性。

吸收塔发生严重起泡溢流事故时，应及时投加消泡剂，开启除雾器冲洗水给吸收塔降温，必要时可停运氧化风机、浆液循环泵，减小对石膏浆液的扰动，减缓石膏浆液的起泡。在选择消泡剂时，应根据现场石膏浆液的特性，有针对性地选择有机硅、聚醚类为主要成分的消泡剂。

十、烟囱排放“石膏雨”

（一）故障现象

某电厂脱硫装置采用石灰石-石膏湿法单塔双循环烟气脱硫工艺，未设置烟气换热装置，采用“湿烟囱”排放方案，脱硫后的净烟气直接通过烟囱排放，排烟温度在45～55℃。脱硫系统投运后，发现在烟囱的周围及下风口飘落液滴或固液混合物，在设备、道路、建筑物上形成灰白色的斑点，这种现象俗称“石膏雨”。通过化验分析，发现其pH值在1.8～3.6之间，主要成分为水、烟尘、$CaCO_3$、$CaSO_4$等，会对电厂周边环境产生污染，甚至腐蚀，特别是在机组运行负荷高、环境温度低时，“石膏雨”现象尤为严重。

（二）原因分析

(1) 吸收塔喷淋层烟气流场不均。在喷淋逆流塔中，由于空塔结构或喷淋层喷嘴设置的原因，导致喷淋层流场不均，局部区域烟气流速过大，造成进入除雾器叶片中的浆液量增加，流速增大，导致净烟气中夹带的固体悬浮物增多，随烟囱排放后，形成“石膏雨”。

(2) 除雾器选型及布置不合理。由于除雾器流场不均，除雾器选型、布置不合适，烟气通过除雾器时的流速也不相同，或低于设计值、或高于设计值。造成除雾器的除雾效率大幅降低，甚至失效。在高速烟气条件下，发生二次携带现象，大量的石膏浆液随烟气携带，经烟囱排出后，形成“石膏雨”。

(3) 浆液喷淋层与除雾器间距过小，以及选择的喷嘴形式不合适。如吸收塔最上层喷淋层采用双向喷嘴且距离除雾器较近，导致大量石膏浆液进入除雾器，增加除雾器的运行负荷，超出除雾器的设计效率，导致大量的石膏浆液随烟气排出，形成“石膏雨”。

(4) 掺烧劣质燃煤，烟气流量大、除尘效率降低。劣质煤的热值、挥发分低而水分、灰分大，往往会造成锅炉的燃烧不充分，同时锅炉产生的烟气量大且含尘量高，造成除尘器超负荷运行，进入吸收塔的烟气流速增大、含尘量升高，而未燃尽成分随烟气进入吸收塔后，造成浆液中的有机物增大，极易造成石膏浆液起泡。导致除雾器的运行效率降低，排放的烟气中携带的浆液量增大，从而加重“石膏雨”的形成。

(5) 吸收塔浆液 pH 值控制不合理。$CaSO_3$ 的溶解度随 pH 值降低而显著增大，而 $CaSO_4$ 的溶解度却随着 pH 值降低而略有减少。pH 值越低，亚硫酸盐溶解度越大，SO_3^{2-} 的浓度越高，则系统中硫酸盐的生成量越大。随着 pH 值的降低 $CaSO_4$ 的溶解度反而变得越来越小，所以会有大量的 $CaSO_4$ 析出，从而容易结垢而堵塞设备影响系统的正常运行。若 pH 值较高时，$CaSO_3$ 的溶解度较小，SO_3^{2-} 的浓度较低，$CaSO_4$ 的生成速率就小，不会生成 $CaSO_4$ 的硬垢，但是因 $CaSO_3$ 的溶解度较小，易形成亚硫酸盐的软垢。这种软硬垢的生成，都将造成“石膏雨”的存在。

(6) 除雾器结垢、堵塞。除雾器冲洗水系统设置不合理，覆盖率不足或与叶片间距太大，冲洗水管道断裂、喷嘴堵塞，除雾器冲洗水压力低，或运行操作不当，都会造成除雾器堵塞。除雾器堵塞后导致烟气通过除雾器的流场、流速不均，导致除雾效率下降，随烟气携带的石膏浆液增加。

(三) 处理措施

(1) 通过对吸收塔及喷淋层进行流场的均布性、烟气流速的分布进行测试及优化。均布喷淋层流场、流速，使其通过除雾器的流场、流速在除雾器最佳运行值内，提高除雾效率。

(2) 通过对除雾器断面烟气流场的均布性、烟气流速的分布、通过除雾器出口烟气中的固体浓度均布性进行测试及优化。根据以上测试结果对除雾器的选型、布置及叶片形式、进行针对性的调整，使烟气通过除雾器时的流场、流速相对均布、匀称，使除雾器的运行参数保持在最佳运行区间内，提高除雾效率。

(3) 优化浆液喷淋层与除雾器的间距及调整喷嘴形式。增加浆液喷淋层与除雾器的间距，调整最上层喷淋层喷嘴采用单向结构的喷嘴，减少进入除雾器的石膏浆液量，保证除雾器的最佳运行工况。

(4) 优化劣质煤掺烧方式，增加脱硫废水排放量。合理控制燃煤品质及掺烧量，提高燃烧效率，提高除尘效率，降低进入吸收塔的烟气量及烟尘浓度。增大脱硫废水排放量，降低石膏浆液中有机物浓度，减少烟气中浆液的携带量，提高除雾效率。

(5) 合理控制石膏浆液 pH 值。运行中根据运行工况，选择合理的石膏浆液 pH 值运行并保持稳定，避免 pH 值的大幅度波动。

(6) 加强对除雾器的检修维护与运行冲洗。检修时对除雾器进行系统性的检查，并进行冲洗试验，确保除雾器冲洗水工作正常。运行中要重点监视除雾器冲洗水压力及流量，优化吸收塔水平衡控制方式，尽可能采用冲洗除雾器的方式为吸收塔补水，并确保至少每 2h 冲洗 1 次。

十一、 石膏浆液中酸不溶物含量超标

(一) 故障现象

脱硫石膏中酸不溶物含量超标，从外观观察主要表现为，石膏浆液颜色发黑，脱水时堵塞滤布，石膏含水率升高。化学监督报表显示石膏浆液中酸不溶物含量超标。

(二) 原因分析

(1) 掺烧劣质煤、燃煤灰分高，锅炉烟气量超设计值，超过除尘系统处理能力。粉尘随烟气进入吸收塔，并在石膏浆液中富集。

(2) 除尘系统故障或除尘效率下降。烟气中粉尘不断在石膏浆液中富集，其中质量较大的粉尘颗粒，随石膏旋流器底流进入皮带脱水机，造成石膏中酸不溶物含量超标，堵塞滤布，石膏含水率升高。

(3) 石灰石品质差。石灰石酸不溶物含量超标，通过石灰石供浆进入吸收塔，并在石膏浆液中富集，由于其颗粒度较石膏粒度大，随石膏旋流器底流进入皮带脱水机，造成石膏中酸不溶物含量超标，堵塞滤布，石膏含水率升高。

(4) 脱硫废水排放量小，石膏浆液中酸不溶物不能有效排出系统，在石膏浆液中浓度超标。

(三) 处理措施

(1) 加强配煤与掺烧，控制燃煤灰分在除尘系统设计值内。

(2) 加强除尘系统检修、维护，调整除尘系统运行参数，提高除尘效率。

(3) 加强石灰石化学监督，严格控制石灰石酸不溶物含量。

(4) 开展石膏浆液酸不溶物指标监督，提高脱硫废水排放量，降低石膏浆液中酸不溶物含量。

十二、石膏浆液中碳酸钙含量超标

（一）故障现象

脱硫石膏浆液中碳酸钙含量超标，从外观观察主要表现为石膏颜色发白、石膏含水率升高。化学监督报表显示石膏浆液中碳酸钙含量超标。

（二）原因分析

（1）锅炉投油、燃烧不充分，烟气中含有的碳颗粒或者焦油等未燃尽颗粒物随烟气进入吸收塔，在石膏浆液中富集并形成油液混合物，在石灰石颗粒表面形成油膜，阻碍石灰石溶解，无法参与脱硫反应，造成石膏中碳酸钙含量超标。

（2）除尘系统故障或除尘效率下降。烟气中粉尘及 F^- 不断在石膏浆液中富集，与石灰石中的 Al^{3+} 化合成络合物，形成包膜覆盖石灰石颗粒，降低石灰石的溶解速率，导致石膏浆液 pH 值降低，石膏浆液中的碳酸钙含量增加，石膏中碳酸钙含量增加。

（3）石灰石纯度低、石灰石粒径较大。石灰石纯度越高、粒径越小，石灰石反应活性越高。当石灰石纯度、粒径恶化时，其溶解速率下降、活性就会降低，极有可能发生供浆过量，造成石膏浆液中碳酸钙含量超标，浆液反应不完全，石灰石随石膏旋流器底流进入皮带脱水机，造成石膏中酸不溶物含量超标。

（4）石膏浆液 pH 值偏高、氧化风量不足。石膏浆液 pH 值偏高，氧化风量不足，不利于石膏浆液中亚硫酸钙的氧化，过量的亚硫酸钙会析出并沉积在石灰石颗粒表面，使石灰石钝化，溶解速率降低，石灰石利用率降低，石膏浆液中碳酸钙含量超标，石膏中碳酸钙含量增加。

（5）石灰石浆液密度计、流量计失准，石膏浆液 pH 计失准。

（三）处理措施

（1）锅炉停用燃油，加强锅炉参数调整，提高燃烧效果及效率。

（2）加强除尘系统检修、维护，调整除尘系统运行参数，提高除尘效率。

（3）开展石灰石化学监督，定期对石灰石纯度、粒度进行检测，加强石灰石湿式球磨机、旋风机、石灰石旋流器运行参数调整，提高石灰石纯度及粒度。

（4）开展石膏浆液碳酸钙指标监督，优化运行调整。根据机组负荷、原烟气二氧化硫浓度、石膏浆液活性，优化石膏浆液 pH 值及氧化风机运行方式和风量。

（5）加强仪表检验管理，定期对石灰石浆液密度计、石灰石浆液流量计、石膏浆液 pH 计进行标定、检验。

十三、石膏浆液中亚硫酸钙含量超标

（一）故障现象

脱硫石膏浆液中亚硫酸钙含量超标，从外观观察主要表现为，石膏黏性增大，滤布石膏携带量增加。化学监督报表显示石膏浆液中亚硫酸钙含量超标。

（二）原因分析

（1）锅炉投油、燃烧不充分，烟气中含有的碳颗粒或者焦油等未燃尽颗粒物随烟气进入吸收塔，在石膏浆液中富集并形成油液混合物，在亚硫酸钙颗粒表面形成油膜，阻碍亚硫酸钙的氧化，造成石膏中亚硫酸钙含量超标。

（2）掺烧劣质煤、燃煤硫分高，锅炉烟气量超设计值，原烟气二氧化硫浓度超设计值。

（3）石膏浆液 pH 值偏高。运行中控制石膏浆液 pH 值偏高，不利于亚硫酸钙的氧化，亚硫酸钙氧化速率下降，造成石膏浆液中亚硫酸钙含量超标。

（4）氧化风机故障，风机处理降低，氧化风量不足。

（5）氧化风管道结垢、堵塞或内部断裂。

（6）辅助氧化搅拌器叶片磨损严重，或叶片脱落。

（7）吸收塔液位控制太低，氧化区域太小。

（三）处理措施

（1）锅炉停用燃油，加强锅炉参数调整，提高燃烧效果及效率。

（2）加强配煤与掺烧，控制燃煤硫分、烟气量在脱硫系统设计值内。

（3）开展石膏浆液碳酸钙、亚硫酸钙指标监督，优化运行调整。根据机组负荷、原烟气二氧化硫浓度、石膏浆液活性，优化石膏浆液 pH 值及氧化风机运行方式和风量。

（4）加强氧化风机的检查与维护，确保氧化风机正常运行，启动备用氧化风机。

（5）检查氧化风增湿水的正常投运，必要时对氧化风管道冲洗。检查氧化风管固定牢固、无振动，停机具备条件时对氧化风管进行检查、清理、修复。

（6）加强对辅助氧化搅拌器的检查维护。

（7）开展石膏浆液亚硫酸钙指标监督，优化吸收塔液位调整，调整氧化区满足亚硫酸钙的充分氧化。

十四、 石膏浆液中氯离子浓度超标

（一）故障现象

化学监督报表显示石膏浆液中氯离子浓度超标。

（二）原因分析

（1）锅炉燃烧高氯煤，特别是冬季运输燃煤时，使用氯基防冻抑尘液。燃煤中的氯以气态的形式随烟气进入吸收塔，被石膏浆液溶解后，在石膏浆液中浓缩、富集。

（2）石灰石中氯含量超标。随石灰石浆液进入吸收塔，在石膏浆液中浓缩、富集。

（3）脱硫系统用水氯离子浓度较高，通过烟气蒸发后，在石膏浆液中不断浓缩。

（4）脱硫系统废水排放量小。

（三）处理措施

（1）更换氯含量较低的燃煤，不使用氯基防冻抑尘液，减少由于燃煤而造成烟气中氯离子浓度超标。

（2）开展石灰石氯含量指标监督，加强氯含量管控。

（3）开展脱硫用水氯离子指标监督，降低脱硫系统用水氯离子浓度。

（4）连续投运脱硫废水处理系统，提高脱硫废水排放量。

十五、石膏浆液中二水硫酸钙含量不达标

（一）故障现象

脱硫石膏浆液中二水硫酸钙含量不达标，从外观观察主要表现为，石膏旋流器底流量减小，无法形成较厚的石膏滤饼，石膏晶体粒度变小，石膏含水率升高。化学监督报表显示石膏浆液中二水硫酸钙含量偏低。

（二）原因分析

（1）掺烧劣质煤、燃煤灰分高，锅炉烟气量超设计值，超过除尘系统处理能力，以及除尘系统故障或除尘效率下降。大量粉尘及各类可溶性物质随烟气进入吸收塔，其中质量较大的粉尘颗粒，随石膏旋流器底流经脱水机脱除。而绝大部分粉尘质量及粒度较石膏粒度小，无法通过石膏旋流器排出，不断在石膏浆液中富集，造成石膏浆液密度升高。

（2）石灰石品质差，石灰石酸不溶物含量超标。此部分酸不溶物通过石灰石供浆进入吸收塔，其中大部分酸不溶物由于质量大、粒度大，随石膏排出泵排至石膏旋流器底流后经真空皮带脱水机脱除。部分质量小、粒度小的酸不溶物，无法通过石膏旋流器排出，不断在石膏浆液中富集，造成石膏浆液密度升高。

（3）脱硫用水氯离子浓度较高，通过烟气蒸发后，在石膏浆液中不断浓缩，造成石膏浆液密度升高。

（4）石膏浆液中碳酸钙、亚硫酸钙含量超标。

（5）脱硫废水排放量小。

因各种原因导致的石膏浆液中酸不溶物、碳酸钙、亚硫酸钙含量超标，及各类可溶性物质浓度的增加，都会造成石膏浆液密度的升高，且很难通过石膏旋流器进行脱除，进而形成恶性循环。因此部分物质挤占很大一部分体积质量，虽然石膏浆液密度很高，但是二水硫酸钙含量偏低，造成石膏浆液停留时间缩短，无法生成大颗粒的石膏，导致石膏品质降低。

（三）处理措施

（1）调整煤种，加强燃煤掺烧，确保燃煤烟气量及灰分在除尘系统设计值内。加强除尘系统的检修维护与运行调整，提高除尘效率。

（2）加强石灰石化学监督，严格控制石灰石酸不溶物含量。

（3）开展脱硫用水氯离子指标监督，降低脱硫系统用水氯离子浓度。

（4）优化运行调整，降低石膏浆液中碳酸钙、亚硫酸钙含量。

（5）连续投运脱硫废水处理系统，提高脱硫废水排放量，降低石膏浆液中酸不溶物及各类可溶性物质。

十六、石膏含水率超标

（一）故障现象

脱硫石膏含水率超标，从外观观察主要表现为：石膏落料处石膏不松散，滤饼携带石膏量增多，甚至出现滤布石膏不成形的情况。运行参数上主要表现为脱水机真空度升高。

（二）原因分析

（1）锅炉投油、燃烧不充分，烟气中含有的碳颗粒或者焦油等未燃尽颗粒物随烟气进入吸收塔，在石膏浆液中富集并形成油液混合物，在石灰石和亚硫酸钙颗粒表面形成油膜，阻碍石灰石溶解、亚硫酸钙氧化，造成石膏浆液难以结晶生成大颗粒石膏。

（2）掺烧劣质煤、燃煤灰分及氯含量高，锅炉烟气量超设计值，超过除尘系统处理能力，除尘系统故障或除尘效率下降，烟尘、氯及金属离子不断在石膏浆液中富集，造成石膏浆液密度升高。由于烟尘的粒径远小于石膏的晶体粒度，会堵塞滤布，造成石膏中的游离水难以脱除。而大量的 Cl^- 会影响石膏结晶，产生更多的细小晶核，使晶体多样化且不易长大，不利于脱水。同时，Cl^- 与 Ca^{2+} 会反应生成氯化钙，增大石膏内部结晶水，造成石膏脱水困难。石膏浆液中大量的 Fe^{3+} 和 Al^{3+}，易与 Cl^- 形成直径微小、具有高黏性的胶合体，影响石膏的脱水性能。

（3）脱硝系统氨逃逸严重时，石膏浆液中会有硫酸铵等铵盐产生。在烟尘等可溶性物质的共同作用下，造成石膏浆液密度升高，不但影响亚硫酸钙的氧化，还会由于石膏浆液停留缩短，导致石膏晶体难以长大，而随石膏携带出的铵盐还会产生刺激性气味，污染环境且影响石膏的综合利用。

（4）石膏浆液中酸不溶物、碳酸钙、亚硫酸钙含量及各类可溶性物质浓度超标，造成的石膏浆液密度升高，石膏浆液中二水硫酸钙降偏低，导致石膏浆液“中毒”。影响石膏的过饱和度、结晶和生长，导致石膏不结晶、结晶生长不规则、颗粒度小等问题。

（5）石膏旋流器失效。运行中石膏旋流器压力控制不当，旋流子堵塞、沉沙嘴磨损等问题，导致石膏旋流器底流密度或颗粒度不达标。

（6）石膏脱水系统出力降低或故障，如滤布堵塞、真空度降低，无法形成有效真空度。

（三）处理措施

（1）锅炉停用燃油，加强锅炉参数调整，提高燃烧效果及效率。

（2）加强配煤与掺烧，控制燃煤灰分、氯含量在除尘系统设计值内。加强除尘系统的检修维护与运行调整，提高除尘效率。

（3）优化脱硝控制方式，采用精准喷氨控制，降低脱硝系统氨气逃逸率。

（4）提高石灰石、工艺水品质，优化运行调整，增大废水排放量，改善浆液品质，提高石膏浆液中二水硫酸钙含量。

（5）加强对石膏旋流器的检查与维护，定期对石膏旋流器底流密度、粒度开展监督管理。

（6）加强对石膏脱水系统的检查与维护，提高设备可靠性。

十七、脱硫水平衡失控

（一）故障现象

吸收塔液位无法有效控制。吸收塔液位偏低时，无法通过冲洗除雾器提高吸收塔液位。吸收塔液位偏高时，需停止除雾器冲洗。

（二）原因分析

（1）锅炉掺烧劣质煤，燃煤烟气量大、水分高，超过脱硫系统烟气量的设计值。

（2）锅炉排烟温度高，连续在脱硫原烟气温度上限运行。

（3）石膏含水率高。

（4）脱硫废水排放量大。

（5）采用工艺水配置石灰石浆液，石灰石浆液密度低。

（6）脱硫设备冷却水未回收利用。

（三）处理措施

（1）严格控制燃煤水分，加强配煤与掺烧，降低燃煤烟气量。

（2）装设低温省煤器或加强锅炉运行调整，降低脱硫原烟气温度。

（3）优化运行调整，改善石膏浆液品质，加强脱水系统维护，降低石膏含水率。

（4）根据石膏浆液品质及氯离子浓度，调整脱硫废水排放量。

（5）优化石灰石制浆方式，优先使用石膏滤液水制浆，提高石灰石浆液密度。

（6）优化设备冷却水运行方式，实现回收再利用。

（7）每年根据锅炉、脱硫系统运行工况，开展脱硫系统水平衡检测，并优化各系统运行方式。

第三章 SCR 烟气脱硝安全运行与优化

第一节 脱硝系统启停与调整

SCR 脱硝系统主要包括 SCR 反应区及还原剂制备区。目前 SCR 脱硝广泛采用液氨或尿素作为还原剂，两种还原剂各有特点，运行方式各有优劣。在生产运行中主要围绕 SCR 反应区和还原剂制备区进行操作及调整，其中 SCR 反应区主要包括稀释风系统、吹灰系统、喷氨控制系统的操作及调整，还原剂制备区主要针对还原剂制备系统及供氨系统进行操作及调整。

一、脱硝系统启动基本条件

脱硝系统启动的基本条件一般包括启动前应具备的基本条件、启动前试验及启动前的检查三部分内容，其中系统启动前应具备的基本条件及启动前试验主要是对建设项目投产时应进行的工作内容，以做到确保系统的完整性及安全性。其中启动前的试验主要是对设备单体、管道、仪表及联锁保护进行试验，防止发生设备损坏及联锁保护失效的现象，启动前检查主要是对设备系统的各项参数及状态进行检查，确保系统满足启动条件。

脱硝系统启动前应符合的基本要求见表 3-1。

表 3-1　脱硝系统启动前应符合的基本要求

序号	基本要求
1	工作票、操作票应通过审核
2	应急预案通过审批，并经过演练
3	上岗人员资质审查应合格，证件齐全
4	楼梯、平台安装牢固完好，试运场地平整，设有明显的标志与分界，危险区设有警告标志
5	消防设施完备，消防系统经消防部门验收合格并投入使用
6	供水、供气及废水排放设施能正常投运，现场沟道与孔洞盖板齐全
7	试运现场具有充足可靠的照明，事故照明能及时、自动投入
8	还原剂（液氨）制备区外应设置去静电触摸板，宜设置火种暂存箱
9	现场设备、管道及仪表管道应有保温、防冻措施，设备及管道按规定颜色刷漆完毕
10	试运区的空调装置及通风采暖设施已按设计要求能正常投入使用
11	还原剂储量能够满足运行需求

续表

序号	基本要求
12	烟气脱硝的公用系统投入运行，如辅助蒸汽、除盐（稀释）水、压缩空气等
13	压力容器应报当地安全监督部门备案，并取得压力容器使用许可证
14	还原剂的储存和使用应取得当地安全监察部门的危险化学品储存和使用证

脱硝系统启动前试验主要内容见表 3-2。

表 3-2　　脱硝系统启动前试验主要内容

序号	试验内容
1	电缆连续性试验
2	动力电缆和仪用电缆的绝缘电阻试验
3	氨气、氮气、杂用气和仪用空气管道进行泄漏试验
4	按运行手册检查带执行机构的控制阀和切断阀，是否能满量程操作
5	动力设备启停试验
6	开关、气/电动阀门等信号远方传动试验
7	联锁保护试验
8	仪器仪表校准和检查，包括烟气分析仪、流量、压力和温度变送器、控制系统的回路指令控制器、就地压力、温度和流量指示器

在整个 SCR 脱硝系统启动前，要对所有的设备单体、分系统、开关、阀门等进行检查，并确认该设施处于良好的工作状态。脱硝启动前各系统检查内容见表 3-3。

表 3-3　　脱硝启动前各系统检查内容

序号	系统名称	检查内容
1	SCR 反应器及烟风系统	（1）确认反应器外形及内部构建没有变形或损坏，反应器内无杂物。 （2）确认催化剂层之间没有堆积物或积灰。 （3）反应器蒸汽吹灰或声波吹灰器冷态试验正常。 （4）反应器入、出口在线仪表及相关检测设备已调试完成，可以正常工作。 （5）烟道本体及保温无泄漏腐蚀现象。 （6）烟道支撑完好，无损坏变形现象。 （7）烟道膨胀节连接完好，无破损及损坏现象。 （8）烟道人孔门、测量孔已封闭
2	喷氨系统	（1）系统内所有的阀门已送电、送气、阀门开关位置准确，反馈正常。 （2）喷氨系统流量计已校验，运行正常。 （3）喷氨系统相关仪表显示正常并校验合格，能正常投运。 （4）喷氨格栅的手动阀开度已调整，满足运行条件。 （5）稀释风机试运合格，转动部分润滑良好，动力电源已送上。 （6）SCR 系统相关热控设备已送电，工作正常

续表

序号	系统名称	检查内容
3	液氨蒸发及储存系统	(1) 系统内所有的阀门已送电、送气、阀门开关位置准确，反馈正常。 (2) 液氨储存系统液位正常且不超过高限值。 (3) 卸料压缩机各部件完后，润滑油位正常，安全设施齐全，随时具备正常启动卸氨。 (4) 氨气泄漏报警仪工作正常，仪表检测合格。 (5) 氨气稀释槽已注水，液位满足要求。 (6) 废水池废水泵试运正常，满足随时启动条件。 (7) 液氨泄漏及储存系统仪表校验正常，能正常投运，显示准确。 (8) 管道及表计无泄漏
4	尿素水解及储存系统	(1) 系统内所有的阀门已送电、送气、阀门开关位置准确，反馈正常。 (2) 尿素储罐液位及温度正常。 (3) 尿素溶液管道伴热已投运，运行正常。 (4) 尿素溶解罐本体及加热管道无泄漏。 (5) 尿素卸料斗式提升机润滑油位正常，连接部位完整，冷态试运合格。 (6) 尿素制备及储存输送系统的所有泵，润滑油位正常，试运合格。 (7) 蒸汽管道及水解器安全阀校验正常。 (8) 尿素水解器本体检验合格，无腐蚀及泄漏现象。 (9) 尿素产品气管道伴热已投运，伴热装置运行正常，满足产品气伴热温度要求。 (10) 尿素水解器本体仪表校验合格，能正常投运，显示准确
5	尿素热解系统	(1) 电气系统设备已带电，已投入运行。 (2) 热控系统各测量仪表显示正确，已投入运行。 (3) 有关设备、系统的联锁保护、报警及就地事故按钮和功能组的检验完成，动作正确安全可靠。 (4) 绝热分解室、暖风器内部清洗干净，无杂物存留。 (5) 稀释风机具备运行条件。 (6) 压缩空气系统管道已投入使用。 (7) 除盐水管道已冲洗干净，投入使用。 (8) 系统各电动门、调节阀开关方向正确，动作灵活好用。 (9) 系统设备已挂牌，电气开关、按钮，热控测点等标识齐全，挂牌编号及名称和各种标识与实际相符。 (10) 尿素溶液制备完毕，能满足要求。 (11) 检查就地手动门已经按照启动要求开启

二、脱硝系统启动

脱硝系统的启动，一般根据锅炉运行情况，先期投入 SCR 烟气脱硝的稀释风系统及吹灰系统，防止管道及催化剂积灰堵塞，待脱硝入口烟气温度满足投运条件后投入脱硝还原剂制氨系统，向脱硝反应区进行供氨并稳定供氨压力进行烟气脱硝。

（一）SCR烟气脱硝系统的启动

SCR系统启动的基本条件见表3-4。

表3-4　SCR系统启动的基本条件

序号	基本条件
1	锅炉正常运行，脱硝入口烟气温度满足催化剂投运温度
2	SCR系统电力供应。SCR系统的受电是整个系统启动的基础，SCR系统应有分开的独立电源
3	仪用空气投运正常，保证各用气设备及阀门受气正常，运行气源满足使用要求
4	管道伴热系统投运，伴热温度满足要求

SCR系统启动的基本程序见表3-5。

表3-5　SCR系统启动的基本程序

序号	基本条件
1	如采用尿素作为原材料则对水解器出口管道进行蒸汽吹扫，保证管道畅通，并补充水解器液位至正常工作液位，然后对水解器升温至热备用状态
2	如采用液氨作为原材料则对蒸发器出口管道及喷氨管道进行氮气吹扫，并补充蒸发器热媒液位至正常工作液位，然后升温至40℃做启动准备
3	投运稀释风系统，所有稀释风系统上的阀门应保持开启状态，风量满足运行要求
4	投运吹灰系统，对于采用声波吹灰器的SCR工艺，烟风系统建立后，投运声波吹灰器程序控制；对于采用蒸汽吹灰器的SCR工艺，宜在锅炉点火后8h内投入SCR蒸汽吹灰系统
5	投运CEMS系统，CEMS系统实时监测烟气中氮氧化物浓度及脱除效率
6	投入氨气制备以及喷氨系统。锅炉点火后脱硝入口烟温满足催化剂运行烟温即可投运脱硝喷氨系统

（二）脱硝还原剂制备系统的启动

液氨蒸发系统（还原剂为液氨时）的操作步序见表3-6。

表3-6　液氨蒸发系统（还原剂为液氨时）的操作步序

序号	系统名称	操作步序
1	卸氨操作	（1）液氨系统氮气吹扫置换合格，液氨储存具备进氨条件。 （2）还原剂制备区氨稀释系统投入自动。 （3）还原剂制备区废液排放系统投入自动。 （4）液氨储罐降温喷淋投入自动。 （5）还原剂制备区氨泄漏报警装置投入自动。 （6）按操作票对系统阀门状态进行确认，阀门处于正确位置，管道内不得存在积水或杂物。 （7）检查液氨槽车，允许合格槽车进入现场，并对车辆本体接地。 （8）把液氨接卸系统的气、液相接头与槽车的气、液相接头进行连接，连接可靠。 （9）打开氨系统气相管道上阀门。 （10）打开氨系统液相管道上阀门。 （11）微开液氨槽车液相阀门，检查无泄漏后缓慢打开至设计流量。

续表

序号	系统名称	操作步序
1	卸氨操作	(12) 当槽车压力与液氨储存压力相差0.1～0.2MPa时，微开液氨槽车上的气相管道阀门，检查确认万向充装管道与法兰连接无泄漏后，缓慢全开此阀门。 (13) 按照卸氨压缩机正常启动步骤，启动卸氨压缩机，并调整压缩机出口压力。 (14) 当液氨槽车液位指示为零或液氨储罐液位达到设计规定液位后，关断液氨储罐上的液相进口阀和气相出口阀，同时停止卸氨压缩机，关闭卸氨压缩机进出口阀。 (15) 关闭液氨槽车上的气相截止阀。 (16) 关闭液氨槽车上的液相截止阀。 (17) 吹扫气、液相卸氨管道。 (18) 取下连接液氨槽车与液氨储罐槽车的气、液相万向充装管道，确认分离完全后，槽车驶离
2	液氨蒸发系统启动	(1) 检查、关闭液氨蒸发器排污阀。 (2) 检查、关闭气氨缓冲罐排污阀、出口阀。 (3) 向液氨蒸发器加入热媒至正常液位。 (4) 启动液氨蒸发器热媒循环泵系统至正常运行。 (5) 投入液氨蒸发器热媒温度控制器，使热媒加热至设计值。 (6) 启动液氨输送泵（若有）至正常运转。 (7) 将液氨蒸发器液氨入口调节阀切换至手动模式，缓慢开启液氨蒸发器液氨入口调节阀，使蒸发器缓慢提升压力至设计值。 (8) 将氨气缓冲罐入口调节阀切换至手动模式，缓慢开启氨气缓冲罐入口调节阀，使缓冲罐缓慢提升压力至设计值。 (9) 待液氨蒸发器压力温度后，将各压力控制阀投入自动

液氨蒸发系统（还原剂为尿素时）的操作步序见表3-7。

表3-7　液氨蒸发系统（还原剂为尿素时）的操作步序

序号	系统名称	操作步序
1	尿素水解系统的启动（还原剂为尿素时）	(1) 检查、关闭水解器表面及底部排污阀。 (2) 检查、关闭水解器气液相泄压阀。 (3) 如初次启动则先向水解器补充一定液位的除盐水然后再补充尿素溶液至设定值。 (4) 打开水解器蒸汽入口阀，提升水解器温度、压力至设定值。 (5) 水解器压力达到设定值后打开水解器产品气出口阀至脱硝反应区，并调节出口压力在工作范围内投入自动控制
2	尿素热解喷氨系统的启动	(1) 启动一台稀释风机，另外一台稀释风机备用。 (2) 开启炉前喷氨雾化系统。 (3) 开启稀释泵进口阀，主控启动稀释泵，检查压力正常。 (4) 开启尿素泵入口阀，主控启动尿素泵，检查压力正常。 (5) 调整尿素水调节阀和稀释水调节阀，根据锅炉负荷调整尿素及稀释水流量（浓度控制在10%）

三、 脱硝系统调整

（一）SCR 脱硝系统调整

脱硝系统运行过程中，需要经常进行调整，主要目的是在保证机组稳定运行、保护下游设备不受影响的同时尽量提高脱硝系统运行经济性。

1. 主要调整项目

（1）喷氨量调整。根据锅炉负荷、燃料量，反应器入口 NO_x 浓度和脱硝效率调节喷氨量，当氨逃逸超过设定值时，减少喷氨量，使氨逃逸降至设计值，如机组工况波动较大可调整为手动喷氨控制，稳定喷氨量及脱硝烟气参数，但工况相对稳定后可尝试投入喷氨自动控制并随时保持观察喷氨量及烟气参数。

（2）稀释风调整。根据脱硝效率对应的最大喷氨量设定稀释风流量，使氨/空气混合物中氨的体积浓度小于 5%，确保氨/空气混合器压力稳定，氨与空气混合均匀，在停止喷氨后稀释风机也需要随锅炉的运行一直投运。

（3）喷氨均布调整。当脱硝效率较低而局部氨逃逸率过高时，调整喷氨混合器流量控制门，以使氨逃逸率分布均匀，但喷氨混合器的优化调节应该在机组额定或者长期运行的负荷下进行，优化调节采取循序渐进的方式进行，首先在脱硝效率为设计值的 60%时进行调节，使出口 NO_x 浓度分布均匀，逐渐增加脱硝效率到设计值，并继续调节喷氨支管门，使反应器出口 NO_x 浓度分布比较均匀。

（4）吹灰器吹灰频率调整。脱硝装置投运后，监视催化剂进出口压力损失变化，若压力损失增加较快，加强催化剂的吹灰，对于声波吹灰器，每组吹灰器运行后，间隔一定时间运行下一组吹灰器，所有吹灰器采取不间断循环运行；对于耙式蒸汽吹灰器，需要检查耙的前进位移能否达到指定位置，并适当增加吹灰频率，使用耙式蒸汽吹灰器的检修期间需要评估催化剂表面的磨损情况。

2. 主要参数控制

SCR 系统在正常运行时，主要调整参数见表 1-9。

（1）脱硝效率。脱硝效率表示脱硝系统对氮氧化物脱除能力的大小。脱硝效率是由许多因素决定的，比如 SCR 系统运行的 SV 空间速率（h^{-1}）、NH_3/NO_x 的摩尔比、烟气温度。NO_x 排放标准要求烟气中的 NO_x 浓度在任何情况下不得超过规定的控制值，因此应保证在锅炉的最差工况下，SCR 系统运行的最低脱硝效率仍能满足排放标准的要求，同时尽量使 SCR 系统长期经济运行。

（2）氨消耗量。SCR 烟气脱硝控制系统依据确定的 NH_3/NO_x 摩尔比来提供所需要的氨气流量，进口 NO_x 浓度和烟气流量的乘积产生 NO_x 流量信号，此信号乘上所需 NH_3/NO_x 摩尔比就是基本氨气流量信号，根据烟气脱硝反应的化学反应式，1mol 氨和 1mol 氮氧化物进行反应。摩尔比的决定是现场测试操作期间来决定并记录在氨气流量控制系统的程序上。所计算出的氨气流量需求信号送至控制器并和真实氨气流量的信号相比较，所产生的误差按比例（如积分动作）处理去定位氨气流量控制阀。

(3) 氨逃逸率。在高尘 SCR 工艺中，氨逃逸率的控制至关重要。高浓度的氨逃逸将会造成设备空气预热器的堵塞、除尘器极板结垢等不良影响。多余未反应的氨逃逸后，会与烟气中的 SO_3 反应生成 NH_4HSO_4，当后续烟道烟温降低时，NH_4HSO_4 将会附着在空气预热器表面和飞灰颗粒表面。这种 NH_4HSO_4 物质在烟温低于约 150℃时，会以液态形式存在。它会腐蚀空气预热器管板，通过与飞灰表面物反应而改变飞灰颗粒物的表面形态，最终形成黏性腐蚀物质。飞灰颗粒物和管板表面形成的 NH_4HSO_4 结合黏附在空气预热器管板表面，导致空气预热器热阻力急剧增加，影响机组安全运行，需要频繁清洗空气预热器。

(4) NH_3/NO_x。通常喷入的 NH_3 量应随着机组负荷的变化而变化。对 NH_3 输入量的调节必须既保证 NO_x 的脱除率，又保证较低的氨逃逸。如果 NH_3 与烟气混合不均匀，即使 NH_3 的输入量不大，氨与 NO_x 也不能充分反应，不仅达不到脱硝的目的还会增加氨逃逸率。

NH_3 喷入量一般根据需要达到的脱硝效率进行设定，各种催化剂都有一定的 NH_3/NO_x 摩尔比范围，当其摩尔比较小时，NO_x 与 NH_3 的反应不完全，NO_x 转化率低。当摩尔比超过一定范围时，NO_x 转化率不再增加，造成的氨逃逸率增大。

(5) SO_2/SO_3 转化率。锅炉燃烧产生大量的 SO_2 气体，其中一定量的 SO_2 会在催化剂的作用下被氧化成 SO_3。这一反应对于 SCR 脱硝反应而言是非常不利的。因为 SO_3 可以和烟气中的水及 NH_3 反应，从而生产硫酸铵和硫酸氢铵，这些硫酸盐沉积并聚集在催化剂表面影响催化剂的催化效果。为防止这一现象发生，降低 SO_2/SO_3 的转化率可以从以下两个方面考虑，一是严格控制 SCR 的反应温度，在催化剂的允许运行温度范围内运行；二是合理调整催化剂的成分，减少作为 SO_2 氧化的主要催化剂钒的氧化物在催化剂中的含量。SO_2 的低氧化率可以遏制形成空气预热器换热器元件堵塞原因的副产物的生成，从而延迟空气预热器的吹扫或清洗周期。SO_2 的转化率过高，不仅容易导致空气预热器的堵灰和后续设备的腐蚀，而且会造成催化剂中毒。因此在 SCR 运行时，一般要求 SO_2/SO_3 转化率不大于 1。

(二) 脱硝还原剂制备系统调整

1. 液氨蒸发系统运行调整

液氨蒸发系统采用的还原剂为液氨（纯度 99.5%以上），主要设备包括卸氨压缩机、液氨储罐、液氨供应泵、液氨蒸发器、氨气缓冲罐、氨气吸收槽、废水泵及废水池等设备。系统设备在备用期间管道及储罐需要用氮气置换后备用，避免氨与空气接触发生爆炸。

系统设置卸氨压缩机，一备一用。选择的卸氨压缩机能满足各种工况下的要求。卸氨压缩机的工作流程是通过压缩机抽取储氨罐中的氨气，加压后将气体压入液氨槽车，将槽车中的液氨推挤入液氨储罐中。根据储氨罐内液氨的饱和蒸汽压，液氨卸车流量，液氨管道阻力及卸氨时环境温度等系统参数来选择压缩机排气量。

通常一个液氨制备区需要设置2个液氨储罐。紧急关断门和安全门需要安装在储罐上，这两个门能够保护液氨储罐超压和泄漏。温度计、压力表、液位计、高液位报警仪和相应的变送器也需要在储罐上安装，变送器可以将这些信号传送到脱硝控制系统，当储罐内温度或压力异常时进行报警。液氨储罐还应该设置遮阳棚等防止太阳直接照射的措施。除此之外，当储罐罐体温度过高时还应该自动淋水进行降温，这就需要在液氨储存区域四周安装有自动水喷淋系统；氨气是极易溶于水的气体，自动水喷淋系统还可以在有微量氨气泄漏时喷水对氨气进行吸收，控制氨气进一步扩散污染周围环境。

氨蒸发器采用甲醇或水作为中间热媒，由蒸汽提供热量进行加热液氨。氨蒸发器内部氨气压力需要控制在一定范围内，这一工作由进口处的压力控制器来控制，当内部压力超过设定值时，切断液氨进料。在氨气出口管线上装有温度检测器，指示监测出口温度。氨蒸发器设有安全阀，可防止设备压力异常过高。液氨蒸发器按照在BMCR工况下2×100%容量设计。

液氨经氨蒸发器后被蒸发成为氨气，蒸发后的氨气去向是氨气缓冲罐，在氨气缓冲罐中减压并保持设计压力，根据SCR系统需要将压力稳定的氨气输送到锅炉侧的SCR系统。缓冲罐作为储存氨气的压力设备也必须设置安全阀对系统进行保护。

氨气吸收槽是一个固定容积的水槽，根据氨极易溶于水的特性，利用大量水来吸收系统安全阀排放的氨气。氨气吸收槽需要设置通风管，在进行通风管设计时要求通风管的氨气最大浓度为2mg/L，以避免氨气的扩散。

液氨蒸发系统主要调整项目一般包括液位、加热蒸汽流量、蒸发氨气压力等，所有调整要使蒸发氨气的压力和流量符合设计值。调整手段包括：监测加热媒介液位，根据需要补充热媒；液氨蒸发器正常运行过程中，通过调节加热蒸汽的流量来控制加热媒介的温度来改变氨蒸发量；从液氨蒸发器出来的氨气进入氨气缓冲罐，在运行时利用缓冲罐的容积维持设定压力。

2. 尿素热解系统运行调整

尿素热解系统包括：稀释风机，暖风器，电加热器绝热分解室，尿素计量模块及尿素喷枪等。尿素热解系统是利用稀释风机鼓入一次风，通过暖风器，电加热器把一次风加热到650℃作为热解炉内分解尿素溶液的热源。尿素通过计量模块分配到尿素喷枪与压缩空气在喷枪喷嘴处汇合，形成雾化的尿素气体在高温的热解炉内分解为NH_3、H_2O、CO_2。

每套尿素热解系统设置两台稀释风机，一用一备。合理控制一次风量，可以减少电加热器的电耗和充分完成尿素热解。稀释风量标准状态下控制在9500～10500m^3/h。稀释风流量通常是根据设计脱硝效率对应的最大喷氨蒸汽量设定，以使氨/空气混合物中的氨体积浓度小于5%。在喷氨/空气涡流混合器内，氨与空气应混合均匀，并维持一定的压力，与烟气均匀混合。电加热器将200℃左右的热一次风加热到650℃，作为热解炉内分解尿素溶液的热源。电加热器设有超温保护，目的是保护热解炉在高温条件下不会损坏变形。计量分配模块是用于精确测量并独立控制输送到每个喷枪的尿素溶液的装置。

计量分配模块布置在热解炉附近，根据不同工况需要配置若干组尿素喷枪，计量模块用于控制通向分配模块的尿素流量的供给。该装置将响应DCS提供的反应剂需求信号。分配模块控制通往多个喷枪的尿素和雾化空气的喷射速率，空气和尿素量通过这个装置来进行调节以得到适当的气/液比并得到最佳还原剂。计量模块尿素母管压力与压缩母管压力控制在0.6～0.7MPa之间。尿素喷枪为内管和外管设计，内管介质为尿素，外管介质为压缩空气，合理控制两者压力流量从而得到喷枪最佳雾化效果。

热解炉喷枪尿素溶液雾化空气引自主厂房仪用压缩空气或杂用压缩空气。计量分配模块中管路冲洗水取自主厂房除盐水。在除盐水管道加装有加压泵，提高冲洗水压力。

(1) 热解炉喷氨蒸汽流量调整。调节尿素溶液压力、流量及雾化空气的压力与流量，控制尿素溶液雾化喷入热解炉后的液滴粒径在合适的范围。

调节尿素溶液雾化液滴上游的加热媒介温度与流量，使雾化液滴能够完全蒸发热解成气态含氨产物。加热冷空气时，首先采用蒸汽加热暖风器将空气加热到200℃的温度，然后再采用电加热方式，将一次风温度提高到500～600℃。

通过设定尿素喷枪最小流量和NO_x的设定或给定需尿素溶液量来控制需氨蒸汽量，SCR烟气出口NO_x含量在允许范围内；运行中注意监视氨逃逸、喷氨蒸汽流量、温度、压力以及烟气出、入口NO_x的变化，及时调节需要尿素溶液量的数值。

在加热媒介作用下，雾化成液滴状的尿素溶液被分解成氨/空气混合物，需要根据尿素溶液浓度调节加热媒介的流量与压力，以控制尿素热解炉出口分解产物的压力、温度、氨蒸汽浓度及氨蒸汽流量。其中压力不应低于4.5kPa（主要取决于热解炉与喷氨蒸汽之间的管道阻力），温度不低于350℃（主要取决于热解炉与喷氨蒸汽之间的管道保温），氨蒸汽体积浓度不大于5%。

运行中注意监视喷氨蒸汽流量的变化，重点关注热解炉的运行状况。发现喷氨蒸汽流量下降，应检查稀释风机的流量和压力，必要时切换备用的稀释风机。

(2) 尿素热解系统运行调整注意事项。尿素热解是将尿素还原为氨气的过程，氨气为有毒易燃易爆气体，必须保证其浓度小于5%，所以要严格控制稀释风量在规定范围内，即（9413m^3/h）上下浮动10%以内。

尿素热解需要在高温下完成，控制热解炉出口温度在320～360℃为热解温度。温度太低会产生氨气逆反反应形成结晶，温度高会造成热解炉出口碳钢管道损坏。

尿素喷枪尿素溶液流量控制在0.06～0.15m^3/h之间，流量太高会影响溶液雾化效果不易热解。流量太低会导致喷枪管道结晶堵塞。尿素最佳雾化流量为0.12m^3/h。

尿素喷枪压缩空气流量控制在16～22m^3/h之间，压缩空气流量太高会导致尿素溶液雾化半径太大，使溶液直接喷射到炉壁上产生尿素结晶。压缩空气流量太低会导致尿素雾化差，形成尿素液滴在高温下直接形成结晶体。

3. 尿素水解系统运行调整

尿素水解及氨稀释喷射系统包括尿素水解反应器模块、计量模块、疏水箱、疏水泵、稀释风机、废水泵、氨气-空气混合器、涡流混合器等。

每套脱硝系统设置两台稀释风机一用一备。稀释风流量通常是根据设计脱硝效率对应的最大喷氨蒸汽量设定，以使氨/空气混合物中的氨体积浓度小于5%。在喷氨/空气涡流混合器内，氨与空气应混合均匀，并维持一定的压力，与烟气均匀混合。

浓度约50%的尿素溶液被输送到尿素水解反应器内，饱和蒸汽通过盘管的方式进入水解反应器，饱和蒸汽不与尿素溶液混合，通过盘管回流，冷凝水由疏水箱、疏水泵回收。水解反应器内的尿素溶液浓度可达到40%～50%，气液两相平衡体系的压力为0.4～0.6MPa，温度为130～160℃。对于50%尿素溶液进料情况下，水解的含氨成品气体成分约为含28.3%的氨、36.7%的二氧化碳和35%的蒸汽。氨和二氧化氮在温度接近140℃时可以重组以形成冷凝物，此冷凝物有较强的腐蚀性，会加剧腐蚀速率，如果温度持续降至70℃以下，该冷凝物会形成固态氨基甲酸铵，将会堵塞管道。氨气的生成速率主要是受水解器中尿素溶液浓度和水解器的温度影响。当温度低于115℃时，水解制氨反应非常慢，因为总反应是吸热反应，可以通过调节水解器的热量来控制尿素水解制氨反应。

脱硝SCR装置运行过程中需进行尿素水解制氨系统的运行调整主要包括：尿素公用系统调整，尿素溶解罐、尿素溶液储罐浓度调整，尿素水解反应器的运行调整。

(1) 尿素公用系统调整。

1) 需要监测与调整的参数包括：尿素溶解罐液位与温度、尿素溶液储罐液位与温度、疏水箱液位、尿素输送泵出口压力、尿素溶液浓度。

2) 在尿素溶解罐中，用除盐水或冷凝水配置45%～55%的尿素溶液，溶液浓度可根据需要调节。当尿素溶液温度过低时，蒸汽加热系统启动，使溶液的温度保持在60℃以上（与尿素溶液浓度相关），防止特定浓度下的尿素结晶，影响尿素溶解。

3) 通过尿素溶液储罐液位信号，热控系统自动完成液位高关闭进料阀。运行人员应注意监视尿素溶液储罐液位，及时发现液位异常。必要时由自动调节改为手动调节，防止液位过高溢流。

(2) 尿素溶解罐、尿素溶液储罐浓度调整。

1) 通过调节尿素溶解罐的尿素颗粒的流量来控制尿素溶解罐的浓度，运行人员应及时发现尿素溶液密度的报警及其他异常情况，并做相应处理。

2) 尿素溶液进入溶液储罐后，溶液浓度为45%～55%。为防止尿素溶液低温结晶，需要控制溶液温度高于30℃。溶液浓度越高，相应的溶液维持温度越高。

3）通过控制尿素输送泵回流阀控制尿素输送泵出口压力维持在 1.0MPa，以维持尿素水解器液位平稳。

4）如果 SCR 出口烟气 NO_x 含量过高，应检查水解器出力情况和尿素浓度，同时检查喷氨蒸汽流量、压力、温度的变化情况，并检查 SCR 烟气入口 NO_x 浓度的变化，并记录其异常情况。

5）运行中应对各尿素溶液密度计进行校验。

（3）尿素水解反应器的运行调整。

1）水解器本体压力通过水解器蒸汽入口流量进行调节，水解器压力应控制在设计值范围内。

2）水解器液位通过水解器尿素溶液进口阀进行调节，水解器液位一般需保证液位漫过蒸汽换热盘管。

3）水解器出口压力通过水解器产品气出口阀经调节，根据机组需氨量大小进行调节。

4）水解器使用的蒸汽参数为：压力 0.7～0.8MPa、温度 170～175℃。蒸汽压力通过减温减压装置的蒸汽调节阀进行调节，蒸汽温度通过减温减压装置的减温水增压泵出力进行调节。

5）水解器应进行定期排污，保证水解器内部溶液的杂质及氯离子在设计值范围内。

（三）SCR 系统调整关键问题

1. 保证催化剂活性

脱硝反应器的核心是脱硝催化剂。它分为蜂窝式和板式两种结构类型，其比表面积为 500～1000m^2/m^3，在它的内表面上分布着由 TiO_2、WO_3 或 V_2O_5等组成的活性中心。随着脱硝装置的运行，催化剂会逐渐老化。引起老化的原因主要有：活性中心中毒，活性中心中和，活性成分晶型的改变，以及催化剂的腐蚀、磨损、通道与微孔的堵塞等。因而，必须定时检测每层催化剂前后烟气中 NO_x 的浓度和氨氮比（NH_3/NO_x），以及取催化剂样品进行实验室测试确定各层催化剂的活性与老化程度，以确保脱硝装置的正常运行。

2. 保证合适的反应温度

不同的催化剂具有自己不同的适宜温度区间。有资料表明，某种催化还原脱硝的反应温度区间为 320～400℃，当反应温度低于 300℃，在催化剂上出现无益的副反应。氨分子很少与 NO_x 反应，而是与 SO_3 和 H_2O 反应生成（NH_4）$_2SO_4$ 或 NH_4HSO_4，它们附着在催化剂表面，引起污染积灰并堵塞催化剂的通道与微孔，从而降低催化剂的活性。另外，这种催化剂不允许温度高于 450℃，因为通过结构检测发现，高温下催化剂的结构发生变化，导致催化剂通道与微孔的减少，催化剂损坏失活，且温度越高催化剂失活速度越快。另外，还有资料表明，温度过高会使 NH_3 转化为 NO_x。

3. 降低未反应氨的逃逸

氨逃逸不但增加运行费用，更严重的是会造成新的污染，在实际运行中，氨逃逸是一个极为重要的参数，一般情况下氨的逃逸控制在3mg/L以下。氨的逃逸除上面提到的危害以外，另一个危害是造成飞灰中的氨含量的增加，而飞灰的安全处理需要灰中氨的含量维持在一个可以容忍的水平上。

4. 减少硫酸氢铵和硫酸铵的形成和沉积

硫酸氢铵和硫酸铵在SCR下游设备上的沉积，特别是在空气预热器上产生的污垢可能影响整个机组的运行效率和维护成本。硫酸氢铵和硫酸铵的形成与过多的氨喷入量有关。在SCR催化剂作用下，烟气中的SO_2和O_2反应进一步形成SO_3，SO_3和从SCR反应器出来的未反应NH_3在空气预热器较冷的部分上凝结形成固相硫酸铵和硫酸氢铵，增加空气预热器的结垢、腐蚀并降低换热效率。

四、脱硝系统停运

（一）SCR烟气系统长期停运

在锅炉停机过程中，脱硝入口烟气温度低于催化剂运行最低温度时（超过15min），退出脱硝喷氨系统。

1. 采用液氨作为还原剂时系统停运方式

（1）关闭SCR喷氨气动阀、供氨调节阀。

（2）在锅炉完全停运后，停运稀释风系统及吹灰系统。

（3）利用氮气对氨气管道进行吹扫置换。

2. 采用尿素作为还原剂时系统停运方式（尿素水解制氨工艺）

（1）待水解器压力降至规定值关闭水解器产品气出口阀。

（2）打开水解器出口管道至脱硝反应区的蒸汽吹扫，保证管道无残留尿素产品气。

（3）在锅炉完全停运后，停运稀释风系统及吹灰系统。

（二）SCR烟气系统短期停运

1. 采用液氨作为还原剂时系统停运方式

（1）关闭SCR喷氨气动阀。

（2）关闭SCR喷氨调节阀。

（3）其他系统及设备保持原来的运行状态。

2. 采用尿素作为还原剂时的系统停运方式

（1）待水解器压力降至规定值关闭水解器产品气出口阀。

（2）打开水解器出口管道至脱硝反应区的蒸汽吹扫，保证管道无残留尿素产品气。

（3）关闭SCR喷氨气动阀。

（4）关闭SCR喷氨调节阀。

（5）其他系统及设备保持原来的运行状态。

3. 采用尿素作为还原剂时的热解系统停运方式

(1) 停机阶段，反应器用空气进行吹扫。

(2) 保持稀释风机一直运行，供应空气对热解炉系统进行吹扫，防止发生爆炸；停机后，用稀释空气吹扫反应器。如果稀释风机出现故障不能运行，则用自然通风吹扫反应器。之后，停用稀释风机。

(3) 关闭所有尿素溶液供应系统的切断阀和隔离阀。

(三) SCR烟气系统紧急停运

(1) 关闭液氨储罐出料阀、蒸发器液氨进料阀，停运液氨蒸发系统并将管道内残余氨排放在氨气稀释槽。

(2) 如采用尿素水解系统，则关闭水解器尿素溶液进口阀、蒸汽进口阀、水解器产品气出口阀，如水解器本体压力过高则开启气相泄压阀进行泄压。

(3) 对氨管道进行氮气吹扫置换或采用蒸汽进行吹扫。

(4) 关闭 SCR 喷氨气动阀。

(5) 关闭 SCR 喷氨调节阀。

(6) 如机组运行中在还原剂制备系统及喷氨系统紧急停运后，应保持稀释风及吹灰系统运行，锅炉烟风系统停运 5min 后，停运稀释风机。

(四) 还原剂制备系统临时停运

1. 采用液氨作为还原剂时系统停运方式

(1) 关闭液氨储罐出料阀及液氨蒸发器进料阀。

(2) 液氨蒸发器进料阀关闭后继续加热蒸发器几分钟，待液氨蒸发器出口压力为 0MPa 后，关闭液氨蒸发器蒸汽进口阀。

(3) 氨气缓冲罐压力为 0MPa 后，关闭蒸发器出口阀。

(4) 关闭 SCR 喷氨气动阀、供氨调节阀。

2. 采用尿素作为还原剂时系统停运方式（尿素水解制氨工艺）

(1) 关闭水解器尿素溶液进口阀。

(2) 关闭水解器蒸汽进口阀。

(3) 待水解器压力降至规定值关闭水解器产品气出口阀。

(4) 打开水解器出口管道至脱硝反应区的蒸汽吹扫，保证管道无残留尿素产品气。

(五) 还原剂制备系统短期停运

1. 采用液氨作为还原剂时系统停运方式

(1) 关闭液氨储罐液氨出口管道阀门。

(2) 关闭液氨蒸发器液氨进料阀。

(3) 关闭液氨蒸发器蒸汽进口阀。

(4) 关闭氨气缓冲罐入口阀。

（5）关闭氨气缓冲罐出口阀。

（6）其他系统及设备保持原来的运行状态。

2. 采用尿素作为还原剂时的系统停运方式

（1）关闭水解器尿素溶液进口阀。

（2）关闭水解器蒸汽进口阀。

（3）待水解器压力降至规定值关闭水解器产品气出口阀。

（4）打开水解器出口管道至脱硝反应区的蒸汽吹扫，保证管道无残留尿素产品气。

（5）其他系统及设备保持原来的运行状态。

3. 热解系统停止步骤

（1）关闭正在运行的喷枪尿素溶液电动门、调节阀。

（2）该喷枪尿素溶液调节阀切手动，且全开。

（3）联启喷枪冲洗系统。

（4）关闭雾化空气总门。

（5）对热解炉进行吹扫 10min。

（6）停止稀释风机。

（六）脱硝系统启、停注意事项

1. SCR 烟气脱硝系统启、停运注意事项

（1）SCR 系统在操作过程中应主要考虑人员和设备的安全。在发现安全隐患或发生安全事故的情况下，在保证人员安全的同时应及时汇报，并尽量消除安全隐患或减少安全事故所带来的设备和经济损失。

（2）锅炉泄漏事故发生时，锅炉应尽快停机，避免催化剂水中毒。

（3）SCR 反应器不应长时间超过催化剂允许的最高温度运行，长时间高温运行将会导致催化剂失活。

（4）为保证机组安全运行，脱硝系统应在联锁保护投入后运行，在暂时失去联锁的情况下应尽快恢复，恢复过程中应加强人工监控。

2. 尿素水解系统启、停注意事项

（1）水解器中初始稀释启动的溶液不得超过 30%尿素浓度。高浓度的尿素溶液在水解器启动初期升温过程中，容易造成水解器超压运行。

（2）水解器启动过程中升温不宜过快，在水解器升温中宜在温度达到 40、70、90℃时各停留观察 5min，保持水解器温升稳定。

（3）如水解器长期停运则需排空水解器内部溶液，并进行冲洗。

（4）水解器投运前需检查各伴热装置是否正常，一般液体管道伴热温度不宜低于 30℃，尿素气体管道伴热温度不宜低于 120℃。

3. 液氨蒸发系统启、停注意事项

（1）液氨蒸发系统停运时应先关闭液氨进口阀，待蒸发器液氨管道内的参与液氨蒸发完毕后，再关闭氨气出口阀，防止蒸发器超压。

（2）液氨蒸发系统启动前应试验区域内消防喷淋联锁正常，氨气检测仪、声光报警器试验正常。

第二节 脱硝系统运行优化

一、SCR 脱硝系统运行优化

SCR 烟气脱硝系统的运行方式和主要运行参数的控制，对脱硝系统的实际性能和经济性有很大的影响，如脱硝效率降低，SCR 反应器出口 NO_x 浓度超标排放；还原剂耗量增加，脱硝系统运行成本攀升；NH_3/NO_x 分布不均匀致使 NH_3 逃逸率增加硫酸氢铵生成量升高空气预热器堵塞；催化剂堵塞、磨损、中毒，使用寿命缩短，系统检修、运行成本增加；SCR 反应器出入口处积灰等。因此，有必要在实际运行中，通过合理的运行参数调控和喷氨优化等技术手段，对脱硝系统进行优化运行，提升脱硝系统运行性能的同时，降低系统运行成本，延长催化剂使用寿命，降低催化剂堵塞、磨损、中毒和空气预热器堵塞的风险性，实现脱硝系统的长期安全、稳定、经济运行。

实际运行中，脱硝系统的性能会受到众多因素的影响，依据影响程度的不同，运行中应将脱硝效率、氨逃逸率、烟气温度等作为重点调控对象，脱硝运行调整的最终目的是在脱硝系统稳定运行的基础上，实现脱硝系统运行指标优化，降低运行成本，因此，脱硝效率、催化剂活性、运行成本就成为衡量运行调整效果的关键指标。

（一）脱硝系统喷氨均匀性优化调整

脱硝喷氨均匀性优化调整，应在机组负荷的50%、75%、100%三个区间进行，便于了解不同负荷区间烟气流场的分布，利于喷氨均匀性的调整。烟气取样点和取样深度的选择，应保证测点的烟气参数有足够的代表性，否则前置参数不准确会造成“越调越差”的现象。一般局部测量的参数如异常偏高，则开大对应区间的喷氨风门。如参数偏低，则关小对应区间的喷氨风门，最终达到多点抽取的烟气 NO_x 浓度偏差不大于 15mg/m^3。在进行喷氨均匀性优化调整的同时，必须关注稀释风量的变化，保证氨气/空气混合物中氨的体积不大于5%。机组停运时，应检查、清理喷氨支管，防止喷氨支管堵塞或泄漏造成喷氨不均，导致脱硝效率大幅下降。应定期开展脱硝装置入口烟气流场分布试验，并进行优化调整，保证脱硝装置烟气流场分布均匀。并相应的调整催化剂吹灰方式，降低脱硝系统烟气阻力。应采用智慧喷氨系统，通过大数据分析和机器学习算法，引接前馈信号，自建数值模型，形成总喷氨量预判指令，结合在脱硝喷氨均匀性调整上的工作经验，建立喷氨支管实时调整制度，实现喷氨分区控制和总量优化双重控制，从而提高喷氨及时性、精准性。

（二）脱硝出口 NO_x 排放浓度控制优化

应在DCS系统中设置小时均值浓度完成值、剩余值，指导运行操作调整，避免在指标高限值运行时造成超排事件。为避免发生出口 NO_x 瞬时超标与CEMS自动标定同时进行，造成小时均值误报事件。在小时均值浓度完成值、剩余值的指导下，前半小时宜采用低限控制，后半小时宜采用高限控制，确保不发生环保超标排放。脱硝喷氨应采用自动控制，特殊情况下采用手动控制。脱硝喷氨调节阀不得大幅度调节，每次调节幅度不得大于5%。

（三）特殊工况下脱硝运行控制

（1）主机风烟系统启动前需投入稀释风机及催化剂吹灰系统，防止喷氨支管和催化剂积灰堵塞。

（2）在锅炉启动或低负荷投油时需注意记录投油时间及脱硝效率变化情况，未燃尽的油污会沉积在催化剂孔隙中，会阻碍 NO_x 和 NH_3 进入催化剂内部，影响脱硝效率，且未燃尽的油污自燃会使局部催化剂烧结而永久性失活。

（3）锅炉启动中，必须按照催化剂设计运行温度区间投运脱硝系统。

（4）锅炉深度调峰过程中，如发生烟气温度过低或过高，接近脱硝主保护烟温时，及时与相关专业沟通进行调整，避免发生高温烧结催化剂或低温脱硝效率下降等不良现象。

二、脱硝还原剂制备系统运行调整

（一）液氨蒸发系统运行调整

（1）水浴式液氨蒸发器热媒液位应控制在80%～90%之间，保证足够的热媒完全浸泡液氨盘管。

（2）应根据季节气温特点，调整液氨蒸发器运行温度，夏季调整至50～60℃运行，冬季调整至70～80℃运行，提高成品氨气温度，缓减输送环节的热衰减。

（3）液氨品质必须满足以下指标：$NH_3 \geqslant 99.6\%$，残留物小于0.4%，水、油、铁含量小于0.2%。

（二）尿素热解系统运行调整

1. 设计优化

通过运行数据建模分析，合理控制尿素溶液喷量、精准调整 NH_3 流量平衡装置，避免尾部烟道发生局部或整体过量喷 NH_3。做好脱硝尿素热解炉设计裕度的充分论证，防止热解炉内温度场无法达到设计值，造成尿素液滴在热解炉出口及喷枪头部位黏附结晶。在喷枪区域及热解炉出口区域增加热解炉温度测点，保证运行人员对热解炉内温度场的精准掌握；定期对尿素热解炉喷枪调节特性进行校对，降低 NH_3 逃逸率和机组负荷迫降次数。

空气预热器蓄热元件分为热端和冷端两部分，把冷端高度增加到1100～1200mm，确

保全部 NH_4HSO_4 在冷端蓄热元件完成凝结和沉积。同时冷端换热元件采用表面光洁，易于清洗的搪瓷涂层元件，这种材料可隔断腐蚀物与金属间的接触。

根据机组运行灰量，定期对锅炉烟道出口水平段输灰控制进行顺控优化，及时输灰、降低烟气灰质量浓度，减少过量喷 NH_3 对空气预热器、引风机等设备的影响。

2. 减少热解炉尿素结晶产生

根据对国内外几十台套尿素热解系统的跟踪反馈了解到，尿素热解系统运行安全稳定性高，基本没有运行过程中需离线检修的情况。但有个别热解系统在机组停机检修的过程中发现，热解炉在底部和尾管处有蜂窝状沉积物，据化验沉积物为尿素结晶，运行过程中的表现为热解炉出入口压差略有增大，热解的两个重要因素是足够的热量和较好的尿素溶液雾化效果，针对此问题，提出以下优化措施：

(1) 设计合理的热解室流场。为保证尿素溶液能在热解室中被彻底气化、混合和分解，在进行热解炉的设计过程中应使用具有液滴轨迹模型的计算流体力学（CFD），并结合化学动力学模型（CKM）进行建模，最大程度上在设计环节做到合理、优化，保证工程实施后的运行效果，有效避免因工艺设计原因引起的尿素结晶等缺陷。

(2) 保证尿素喷枪雾化效果。通过实验研究比较和对工程项目的用户反馈情况，拥有专利技术的进口尿素喷枪在尿素溶液的雾化效果、喷嘴防堵塞、使用寿命等方面的确更胜一筹。保证尿素溶液的雾化效果，是保证尿素制氨的转换率、预防尿素结晶的关键。

(3) 提高尿素溶解水品质。尿素溶解水的水质要求为水硬度小于或等于 150mg/L（以 $CaCO_3$ 表示），一般采用去离子水或去矿物质水，若水中的矿物质和离子含量达不到要求时，可以考虑添加一些添加剂，提高溶解水的品质。保证尿素溶解水品质可以有效增强喷射雾化，将尿素因水的不纯而产生的沉淀降到最低，防止尿素发生结晶的情况。

(4) 保证尿素溶液雾化空气品质。火电厂一般常用的压缩空气有两种：仪表用气和杂用压缩空气。杂用气用途广、品质低，一般要求为压力 0.7MPa，所含最大粒子尺寸 40μm，常温下最大粒子浓度为 10mg/m^3，空气中水蒸气含量以压力露点表示，最高压力露点 10℃，最大含油量 25mg/m^3。仪表用气为控制仪表和气动仪表用压缩空气，品质较好，压力 0.7MPa，所含最大粒子尺寸 1μm，常温下最大粒子浓度 1mg/m^3，最高压力露点 −40℃，最大含油量 1mg/m^3。杂用气和仪用气的品质还是有一定差距的，尿素溶液雾化空气建议使用仪表用气，可以有效防止由于空气中油、水和尘等含量高而造成尿素结晶现象。

（三）尿素水解系统运行调整

运行中尿素水解反应器的尿素溶液浓度应控制在 45%～55%，尿素溶液加热温度应高于 140℃，溶液浓度可根据需要调节。

尿素水解装置应该结合定压、滑压两种运行方式进行分段控制。当烟气脱硝系统入口 NO_x 浓度变化幅度较小时，采用定压运行。当脱硝反应器入口 NO_x 变化幅度较大时，采用滑压运行，这种运行方式既能满足较好的负荷跟随率，也有利于氨气流量的精确控制。

控制水解反应器内的液相液位高度，保证水解反应器内有足够的气相空间。气相空间充满高压的水解反应气体，能够起到调节气体储罐和缓冲罐的功效。当机组负荷发生变化，引起系统对氨气需求量发生变化时，水解反应器气相出口的调节阀首先发生动作，气相空间的储气能够满足负荷变化初期对供氨量的要求。尿素水解反应器进料控制阀和加热蒸汽流量控制阀应加入控制前馈，当机组负荷发生变化时，可缩短系统反应时间，提高系统对工况的适应性。水解反应器气相出口设置高效除雾器，可有效减少气相带液降低因液滴中的尿素结晶析出对截止阀门后产生的堵塞概率。定期排污，以排污干净为标准，排污量及周期根据现场情况调整，控制水解反应器中氯离子浓度低于 100mg/L。每年检测一次，排干并检查所有容器。处理掉所有堆积的尿素晶体，可用最低 5℃的除盐水冲洗。每隔一年或两年完全排空、清洗和重新注入新的溶液，使水解反应器处于最佳运行工作状态。

合理优化尿素溶液管道路径，增加分段疏水循环排放点，有效防止尿素溶液管道因温降导致结晶的故障。

第三节 脱硝系统故障处理

一、喷氨管道堵塞

（一）故障现象

某电厂在蒸发供氨系统改造完毕、出力正常的情况下，SCR 反应区氨气流量仍然偏低。为此，重点检查设备运行状态：氨气管道沿程是否存在泄漏点；氨气管道沿程是否有堵塞现象。利用肥皂水对氨气管道沿程各法兰面、仪表接口进行仔细检查后均未发现泄漏点，判断氨气管道有堵塞现象。

（二）原因分析

液氨为强碱性物，对碳钢的腐蚀小，但液氨储罐在充装、排料及检修过程中，容易受空气的污染，空气中的氧和二氧化碳则促进氨反应生成氨基甲酸铵，氨基甲酸铵对碳钢有强烈的腐蚀作用，使钢材表面的钝化膜破裂，并在此产生阳极型腐蚀。腐蚀主要集中于设备内壁焊缝等应力集中区，破坏形式表现为典型的脆性裂纹特征，腐蚀产生的氧化铁堵塞氨系统管道。

（三）处理措施

停止喷氨后，拆除氨区氨气母管 SCR 脱硝氨气/空气混合器前氨气管道滤网、流量计、阻火器等易堵设备，利用压缩空气对氨气管道进行吹扫，吹扫出大量积灰及铁锈。拆除阻火器后发现其网状阻火板堵塞严重（见图 3-1）。

对阻火板中结垢物质进行分析，其主要成分为 Fe_2O_3 及 SiO_2，堵塞物主要为铁锈和灰尘。经了解，脱硝系统调试期间，氨气管道水压试验后未对管路进行吹扫，残存水分附着

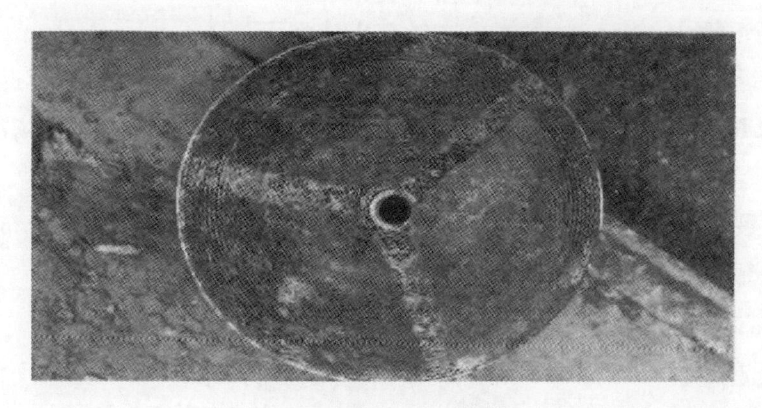

图 3-1 网状阻火板堵塞

在管道内壁致其氧化腐蚀，通氨气后腐蚀进一步加剧。在氨气的冲刷下铁锈逐渐脱落并堵塞滤网、阻火板等；另外，该脱硝工程稀释风机位于脱硝入口灰斗下方，输灰管路密闭性不严致使稀释风含尘量高，而氨管道与氨气/空气混合器间未设置止回阀，当停止喷氨但不停稀释风机时，稀释风进入氨气管道，携带的大量灰尘加剧阻火板的堵塞。

二、 NO_x 浓度场分布不均

（一）故障现象

某电厂脱硝出口 NO_x 与烟囱出口 NO_x 数据相差达 150%，脱硝装置频繁过量喷氨造成空气预热器严重堵塞。

（二）原因分析

1. 喷氨不均

在 SCR 脱硝系统入口安装的喷氨格栅，还原剂由喷氨母管分配给每个格栅中的支管并与 SCR 脱硝系统中的烟气反应。但在实际运行中，由于喷氨支管上的压力逐级降低，调节每个支管上的喷氨量较为困难，喷氨不均对 SCR 脱硝系统出口 NO_x 浓度场的均匀性产生很大影响。另外，由于喷氨格栅的设计或安装不合理，喷氨调节不到位，导致 NH_3/NO_x 失调，致使 NO_x 反应不均，出口浓度场的分布难以控制。仅靠对单个区域的控制只能保证在此区域内达到理想的喷氨效果，出口各个区域 NO_x 浓度无法相互兼顾，不能起到浓度场调平的作用。因此，兼顾控制喷氨及各区域间浓度的均衡控制是难点。

2. 流场分布不均

影响 SCR 脱硝系统出口 NO_x 浓度场的分布还包括流场的流速和温度场的温度。导致流场不均的主要原因是烟气的流动方向会转动 180°，若导流板安装不合理会导致烟气在催化剂层流速较快的区域 NO_x 来不及与催化剂反应，而流速较低区域则相反，这直接导致 SCR 脱硝系统出口 NO_x 浓度场分布不均匀。另外，机组的变工况运行也对流场的分布有很大影响。

3. 变工况运行

在实际运行时机组大多情况都是非稳定运行工况，调节系统会出现延迟性和发散性。同时也会对SCR系统的入口NO_x浓度分布、烟道内流场浓度分布、温度场温度分布等造成巨大的影响。若依然按照原有的控制策略调节喷氨阀门，喷氨均匀性与NO_x浓度场的混合性将会发生变化。这些因素会导致SCR脱硝系统出口NO_x浓度场的分布均匀性变差。因此，在变工况下优化控制策略有利于流场和温度场的均匀分布。

（三）处理措施

1. 优化喷氨总量

传统单回路PID对喷氨量调节时，会根据NO_x浓度等信号给出理论喷氨量。但喷氨系统是典型的大滞后时变系统，由于受PID控制器性能的局限，单纯依靠整定参数很难对出口NO_x达到理想的控制效果。为使SCR脱硝系统出口NO_x浓度均值达标，串级控制系统的主控制器采用模糊控制算法，通过控制喷氨总量使SCR脱硝系统出口NO_x浓度均值跟随给定值，以保证SCR脱硝系统出口NO_x总体浓度达标。同时副回路改善系统的动态特性，减少喷氨阀的频繁动作。而喷氨系统是典型的时变系统，在工况变化时系统模型会随之改变。模糊控制则是针对对象模型不确定性提出的一种控制方法，它依据专家经验和模糊决策，应用控制规则便能实现对复杂对象的有效控制，提高控制系统的实时性，控制效果更好。

2. 优化喷氨不均问题

对于喷氨不均导致浓度场的分布不均的原因分析，为使区域间的NO_x浓度相互兼顾，采用均衡控制算法，根据SCR脱硝系统出口各区域NO_x浓度值与均值的偏差修正各区域阀门开度，实现SCR脱硝系统出口NO_x浓度场的精确均衡反馈控制。

3. 优化流场不均问题

应用控制手段调节流场和温度场的分布较为困难，一般从变工况的控制策略入手，但大多数机组都忽略这方面的优化，往往从设备改造上入手，优化调整导流板、整流格栅，对其分布均匀性虽然有明显改善，但不能实现自动控制。增加喷氨格栅的分区域，并分别控制各个区域的喷氨量。增加喷氨格栅分区数及喷嘴数也可以提高氨氮混合程度，更有利于系统的优化。

4. 优化变工况的影响

采用多模式模糊推理算法作为前馈量，根据不同的工况组合计算各区域喷氨阀门开度，实现变工况下SCR脱硝系统出口NO_x浓度场的快速均衡前馈控制。前馈控制器有快速补偿的作用，能够有效克服系统的滞后性。多重多维模糊推理算法依据专家经验和模糊决策，由离线计算得到控制查询表，便能综合分析影响NO_x浓度场的主要工况状态信息量，使系统在变工况时能够快速准确地对喷氨阀门进行调整。它可以逐步积累试验得到的数据，在闭环控制系统中引入不同工况的调整方案，并推理出各个阀门对应的开度输出，再与副控制器的输出相加，作为喷氨阀门的开度指令，从而达到不同工况下的快速判断调整。

三、脱硝氨逃逸超标

（一）故障现象

某电厂脱硝装置出口氨逃逸频繁超标，最高达12mg/L，脱硫浆液中含高浓度氨气体，脱硝下游设备空气预热器频发堵塞。

（二）原因分析

1. 排放标准提升

燃煤电厂NO_x形成是一个复杂过程，与煤种、燃烧方式及燃烧过程控制密切相关。随着国家环保要求的不断提高，为满足排放要求，通过大量喷氨降低NO_x浓度是造成脱硝装置氨逃逸高的根本原因。

2. NH_3/NO_x分布不均匀

理想状态下，NH_3/NO_x（物质的量比）相匹配。脱硝过程中，NH_3的喷入量根据NO_x浓度进行自动调节。但在实际运行过程中，煤粉炉SCR自控不能稳定投运，SCR喷氨调整阀长时间均为全开状态，反应截面上NH_3/NO_x分布不均匀，局部喷入的NH_3大于需要值，形成氨逃逸。

3. 氨逃逸测量偏差

SCR出口一般设置在线氨逃逸表，其作用原理为激光通过烟气时，特定波长的激光被烟气中NH_3吸收，吸收程度信息保留在光信号中，即形成吸收光谱，通过对吸收光谱的分析最终得到NH_3的浓度信号。在线氨逃逸表在SCR出口水平烟道对角安装。由于该位置在除尘器前，烟尘含量浓度高，测量探头易受烟道振动及温度变化影响，使测量不稳定或产生偏移。因此，受安装位置和运行环境的影响，在线氨逃逸表较难及时、全面地反映烟气中的氨浓度，数据代表性相对较差。运行过程中，氨逃逸表频繁出现故障、漂移等问题，给脱硝装置运行调整带来偏差，也是造成氨逃逸高的主要原因。

4. 运行温度低的影响

运行温度既影响SCR反应速度，也影响催化剂的活性。SCR合适的反应温度为300～400℃，当运行温度低于该值时，催化剂活性下降，喷入的NH_3无法被有效利用，从而形成较高的氨逃逸率。同时机组在低负荷运行期间，烟气温度达不到SCR最低运行温度，但为实现NO_x达标排放，SCR在不满足温度条件的情况下喷氨运行，脱硝效率低，氨逃逸增加，这是特定时间脱硝装置氨逃逸高的原因。

（三）处理措施

（1）源头控制措施。低氮燃烧技术是从源头控制NO_x浓度，通过低氧、低温燃烧减少燃烧过程NO_x生成量，一般作为燃煤电厂NO_x控制首选技术。

（2）运行控制优化。

1）控制氨气质量。从液氨源头、汽化、使用等各个环节入手，严格液氨脱水脱油管理，保证氨气温度，定期切换清理滤网，确保氨气品质合格，减少对脱硝系统的不良影响。

2）加强氨逃逸表的维护。加强氨逃逸表及相关 CEMS 的维护工作，确保数据准确，为脱硝系统运行提供可靠的调整依据。

3）保持催化剂的活性。定期开展 SCR 催化剂活性检测，根据检测情况更换催化剂，确保良好的脱硝效率。

4）强化运行控制。严格控制锅炉开停工过程喷氨量，在满足 NO_x 排放达标情况下，尽量减少喷氨量；保持锅炉稳定运行，减少大幅调整次数，启停制粉时上下游岗位及时沟通，避免波动时过量喷氨；开展 SCR 喷氨调平试验，促进 NH_3/NO_x 均匀分布。

（3）对测点布置方式进行优化改造，采用矩阵式流量测量装置确保测点数据准确，减少过量喷氨。

四、SCR 反应区积灰、磨损故障

（一）故障现象

SCR 脱硝系统运行过程中，催化剂如果发生堵塞，则阻力会明显增加。由于阻力与流速的平方成比例，如在机组负荷相同的情况下，催化剂层阻力增加 20%以上，则可推算出催化剂堵塞面积比例达 14%以上。催化剂堵塞和积灰将会严重影响机组运行，当堵塞面积比例达 15%以上时，将会加剧催化剂流通部位的磨损，严重时将会导致催化剂磨穿。SCR 反应器内部催化剂积灰和催化剂磨损情况分别见图 3-2 和图 3-3。

图 3-2　催化剂积灰堵塞图片

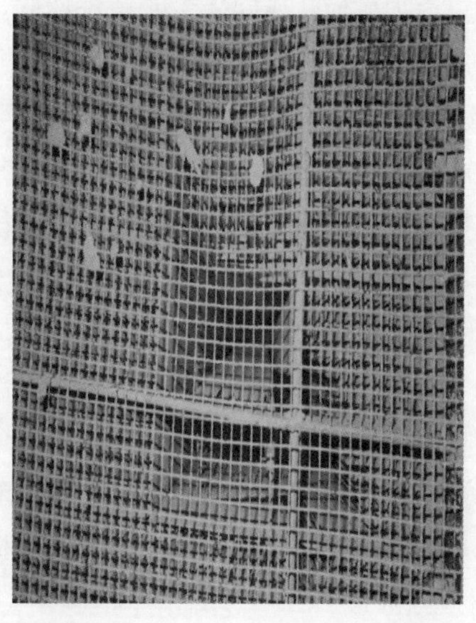

图 3-3　催化剂磨损图片

（二）原因分析

1. 流场不合理

如果脱硝装置流场设计不合理，进入反应器的烟气分布严重不均，导致偏向一侧的烟气流速过高，另一侧烟气流速过低，致使流速低的区域易积灰堵塞，流速高的区域催化剂磨损加剧。

2. 锅炉长期低负荷运行

如果锅炉长期低于 60%负荷运行，烟气流速低，携灰能力降低，灰尘易在催化剂沉积，增加催化剂堵塞的概率。另外，烟气流速低将会导致水平烟道及导流板上的积灰加剧，从而改变烟气进入脱硝反应器的分布情况，恶化催化剂层烟气流速的均布，低负荷烟气流速不均加速低流速区催化剂的堵塞。

3. 低温下脱硝运行

脱硝催化剂的活性与烟气温度相关，如果烟气温度低于设计值较多，催化剂的性能就受到较大的影响。如果实际运行温度长时间低于最低连续喷氨温度，极易在催化剂通道内形成硫酸氢铵，造成催化剂孔道堵塞，从而导致催化剂单元及模块的堵塞，典型的现象是在催化剂尾端形成钟乳石状的堵塞物。低温下脱硝装置应严格按照催化剂厂家提供的运行指导要求运行。

4. 烟气中存在爆米花灰

如果烟气中存在爆米花灰，由于部分爆米花灰的粒径大于催化剂孔径，爆米花灰就会卡在催化剂模块顶层的钢丝网上，从而导致催化剂层堵塞，造成流通区域的流速加大，最终导致催化剂层部分区域堵塞，部分区域磨损和磨穿。对于存在爆米花灰的锅炉，可采用在省煤器出口烟道加装滤网的方式进行控制；另外，省煤器出口灰斗和脱硝装置入口烟道上的灰斗对爆米花灰也有一定的捕集作业，机组运行时要确保灰斗正常输灰。

5. 黏附性强的烟尘

烟尘中碱性金属氧化物含量较高时，烟气黏附性强，较易黏附在烟道及反应器内的支撑管、支撑梁、导流板以及催化剂表面，支撑梁上的积灰聚集到一定高度时塌落，极易造成催化剂层的堵塞。

6. 吹灰器吹灰效果差

脱硝装置催化剂层的吹灰装置通常有声波吹灰器、蒸汽吹灰器。声波吹灰器的工作原理通过声波的作用使灰振动，靠烟气的流动带走烟尘，如果声功率达不到设计值则吹灰效果会明显减弱；蒸汽吹灰器的工作原理是依靠蒸汽的喷吹将灰吹走，如果蒸汽压力和流量达不到设计值则会影响吹灰效果，蒸汽吹灰器的安装高度对吹灰效果也有很大影响。

7. 催化剂的性能

燃煤机组常用催化剂主要有蜂窝式和板式。如果催化剂化学性能较差，失活较快，很难保证化学寿命；另外，运行时为保证脱硝效率需要加大喷氨量，极易造成氨的过量喷入并增加氨的逃逸，加剧空气预热器的堵塞概率。如果机械性能较差，蜂窝式催化剂则易模块和磨穿，板式催化剂易脱落，从而影响化学性能。

（三）处理措施

（1）对 SCR 反应区入口导流板合理布置，使反应器内流场均匀，防止烟气中的粉尘在低速流场区出现重力沉降。

（2）为有效清除颗粒状焦粒，可在省煤器出口设置金属丝网拦截，并配备蒸汽吹灰器，定期进行吹灰，以防止金属网堵塞；另外在省煤器至脱硝入口烟道加装灰斗，使大颗粒的焦粒落入灰斗。

（3）在检修过程中发现吹灰死角，应加装声波吹灰器并加强声波吹灰器的定期维护，将声波吹灰器列入定期检修项目，定期对其检修维护。

（4）加大催化剂节矩，或更换催化剂形式为板式。

（5）在工字钢梁两侧加装钢板消除易积灰空间。

五、 尿素溶液管道堵塞

（一）故障现象

某电厂尿素车间，尿素溶液输送泵入口及尿素溶液输送泵回流管道频繁堵塞，解体发现堵塞物为尿素结晶块。

（二）原因分析

1. 设计缺陷

脱硝系统设计有蒸汽伴热系统和蒸汽吹扫系统。由于设计原因，伴热系统布置不合理，蒸汽气源单一，造成设备运行时伴热不均匀、效果差，设备停运后，系统无伴热气源。当再次投运时，系统管道内氨气和蒸汽产生冷凝现象，大量凝结水聚集在管道内，造成堵塞。另外，氨气管道的蒸汽吹扫安排在机组停运过程中进行，吹扫后的蒸汽直接通过氨气喷射系统喷入锅炉烟道内，不允许排到外界环境中，这就造成系统管道内的杂质随蒸汽流动，最后堆积在阻火器等设备内部造成堵塞。

2. 杂质影响

尿素水解制氨过程中，尿素纯度、设备运行状态不稳定等，造成反应过程中伴有杂质产生，此杂质主要成分为氨基甲酸铵。氨基甲酸铵在一定压力和温度条件下会产生结晶析出。因此，在氨气系统运行时，当系统压力和温度达到结晶析出临界点时，氨基甲酸铵结晶析出并黏结在阀门阀芯、阻火器等部位，造成堵塞。另外，高浓度的尿素溶液受热容易生成难溶于水的缩二脲及其他缩合物，这也是造成尿素水解系统易被堵塞的原因之一。

3. 设备选型不合理

管道、阀门设计选型时未充分考虑尿素水解运行及氨气输送特性，造成所选用管道、阀门不能长期在此条件下正常工作。

4. 运行维护不当

水解器在正常备用时，未对备用水解器温度、压力等进行有效监控和调整，导致温度、压力等参数未保持在规定范围内，进而造成系统产生结晶物。另外，对水解器定期排污工作安排不合理，操作、执行不到位，造成水解系统运行时产生的杂质不能及时排走，长时间运行后杂质沉积堵塞系统。

（三）处理措施

1. 优化伴热系统

根据机组运行特点，采用多源式蒸汽伴热系统气源接入方式，使气源运行方式灵活，满足在机组调峰情况下供汽稳定性要求。改善伴热系统效果，通过增加导热泥、修复保温层、合理选择保温材料、优化伴热系统安装方式等，保证蒸汽伴热系统运行稳定。同时，对于一些不易安装蒸汽伴热系统的设备，采用灵活性较好的电伴热方式，以达到最佳效果。

2. 建立标准制度

完善蒸汽吹扫制度，制定氨气系统蒸汽吹扫操作标准，建立监督机制，使蒸汽吹扫工作落实到位。制定定期工作标准，如水解器的定期切换、水解器表面与底部定期排污等标准，使工作人员按标准执行。建立设备停运后定期维护的工作台账，以对停运后的管道、阀门、阻火器等进行必要的检查与清理。

3. 选用合理设备

对氨气系统管道、阀门进行更换或升级，选用适用于氨气系统的波纹管截止阀、抗腐蚀性良好的尿素级316L和25-22-2材质管道等，以从源头上解决问题。

4. 加强技术改造

在系统设备如水解器出口管道等重要部位加装合适的过滤装置，及时过滤杂质，减少或避免杂质进入系统，并定期清洗滤网。选择合适的阻火器，使之满足运行要求。阻火器采用冗余运行方式，运行时可切换并进行检修清理，进而降低阻火器堵塞对系统运行稳定性的影响。此外，还要及时了解行业技术创新成果，适时吸纳新技术、新应用。

第四章　脱硫脱硝技术发展与应用

近年来，我国大力推进煤电产业实施超低排放和节能技术改造，建成世界上最大的清洁高效煤电体系。在当前“双碳”背景下，火电高质量发展的特征仍然是“清洁高效”，火电产业跨进“协同共享”转型发展阶段，减污降碳协同增效，火电产业以共享为思路融入社会，打开“院墙”，主动发挥城市“静脉”和“动脉”作用。未来，火电产业将跨入“智能智慧”阶段，这将是“协同共享”阶段系统思维运用的进一步扩充，能源行业将进一步与其他行业发生互联互通。

第一节　多污染物协同脱除技术

目前，我国燃煤机组污染物控制技术满足当前的环保需求，但同时也带来脱硫废水处理、脱硝催化剂失效、石灰石过度开采、氨逃逸二次污染、工艺流程繁复、运行成本高等诸多难题。受限于工艺原理，当前主流脱硫脱硝技术的脱除效率也难以在目前超低排放基础上获得进一步提升。随着污染物排放标准日趋严格，纳入控制的污染物数量越来越多，因此传统单一的污染物控制技术应用已无法满足脱污需求，多污染物协同脱除技术是缓解环境污染，保持经济绿色发展的有效手段。因此，开发技术可靠、环保排放达标、运行成本较低以及副产品可回收利用的多污染物协同脱除技术，将成为目前和今后燃煤电厂烟气治理技术的重点发展方向。

一、活性焦一体化脱除技术

活性焦一体化脱除技术（ReAC）工艺主要包括吸附、活性炭再生和副产品回收三个阶段。烟气先经过上游电除尘器或袋式除尘的高效除尘，除尘后的烟气与 NH_3 混合后水平进入吸附塔，在错流式移动床吸收塔中与靠重力从顶部下降的活性焦接触。当烟气中无水蒸气存在时，主要发生物理吸附，而且吸附量较小。在温度为 120～160℃和有氧及水蒸气条件下，烟气中的 SO_2 与氧气及水蒸气在活性焦颗粒表面发生化学吸附，生成硫酸（H_2SO_4）或水合硫酸（$H_2SO_4 \cdot nH_2O$），并赋存于活性焦微孔内，从而实现烟气中 SO_2 的脱除。同时，由于活性焦具有较强的吸附性，烟气中难脱除的气态零价汞（Hg^0）也会在活性焦颗粒表面发生相似的化学吸附，形成容易脱除的固态氧化汞（$HgCl_2 \cdot HgSO_4$）。另外面，在活性焦催化还原作用下，烟气中的 NO_x 与 NH_3 及氧气反应生成氮气和水蒸气，从而达到脱除 NO_x 的目的。活性焦一体化脱除技术示意图见图 4-1。

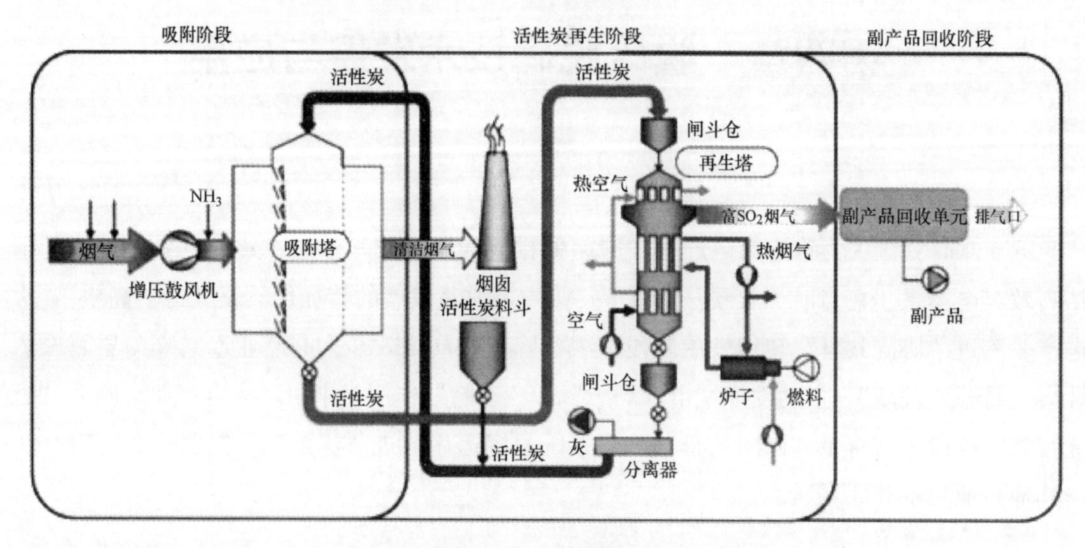

图 4-1　活性焦一体化脱除技术示意图

该工艺采用移动床技术，活性焦在吸附塔和再生塔之间循环。吸附塔分为几个区域，每个区域都由进气窗、辅助窗、活性焦层以及出口冲孔板组成。再生塔是一种壳式热交换塔，由预热区、加热区和冷却区三个部分组成。吸附污染物达到饱和后的活性焦，由斗式升降机将其运输至再生塔并加热至 450℃，解析出浓缩较高的 SO_2 气体。再生塔的下部，活性焦被冷却到 150℃以下排出，之后经分离器除去活性焦粉后，再次返回吸附塔循环利用。回收的硫富集气体可在副产品回收阶段中制成可销售的硫酸或其他硫制品。这一技术与石灰石-石膏湿式烟气脱硫相比，所需水量少，不存在大量废水处理的问题。

二、有机催化一体化脱除技术

有机催化一体化脱除技术具有吸收反应速率快、效率高等优点。目前大多数电厂配套有湿法脱硫装置，因此，开发与湿法脱硫技术相集成的湿法多污染物一体化脱除技术是该领域的研究热点。湿式吸收法利用碱性溶液、碳酸盐、有机溶液等吸收 NO_x，并将其从烟气中脱除。按吸收剂种类的不同，可分为还原吸收法、络合物吸收法、氧化吸收法等。

（一）还原吸收法

还原吸收法是利用还原剂将 NO_x 还原为 N_2。目前，研究较多的还原吸收剂主要有尿素、亚硫酸铵、硫化钠等。其中，亚硫酸铵的还原能力较强，而且可从氨法处理硫酸尾气系统中得到所需的亚硫酸铵，这样不但进行尾气处理，还能得到硫酸铵肥料，经济性高。但亚硫酸铵晶体化学性质不稳定，在空气中易被氧化为硫酸铵，常温下易分解，还有发生爆炸的危险，所以并不适合于一般的工业应用。尿素还原吸收法具备治理效果好、无二次污染、工艺流程简单、投资少、耗能低等优点，但由于成本过高一定程度上限制其大规模工业化应用。

（二）络合物吸收法

络合物吸收法是利用络合吸收剂直接与 NO 发生快速络合反应，使 NO 在溶液中的溶解度大大增加，易于 NO 从气相中转移到液相中。早在 20 世纪 70 年代络合物吸收法就用于烟气脱硝，80 年代美国和日本等已经开始研究络合物吸收法同时脱硫脱硝。络合物吸收法的脱硝效率一般大于 90%，主要络合吸收剂有亚铁络合物和钴络合物，其中钴络合剂研究较多，效果较好的主要有六氨合钴络合剂和乙二胺合钴络合剂。虽然络合吸收法能达到比较高的脱硫脱硝效率，但是吸收剂存在再生困难、利用率较低、运行费用高、会造成二次污染等问题，造成络合物吸收法难以实现大规模的工业化应用。

（三）氧化吸收法

氧化吸收法研究较多的有强氧化剂法和催化氧化法。强氧化剂法按氧化剂类型的不同可以分为气相氧化、液相氧化和其他氧化方式。常用的气相氧化剂有 O_3、ClO_2、Cl_2 等；常用的液相氧化剂有 H_2O_2、HNO_3、$NaClO_2$、$KMnO_4$ 等。近年来，研究者倾向于采用液相氧化剂，其中 $NaClO_2$ 被证明是最有效的一种氧化剂。但强氧化剂吸收法也存在一定的缺点：氧化剂成本较高；产生的大量废水难以处理；部分氧化剂有较大的毒性，泄漏后会造成一定的环境污染，甚至会危害健康；氧化剂的存在必然会对烟道及吸收设备造成一定的腐蚀，需采用额外的防腐措施等。

催化氧化法中发展较快的是有机催化技术。该技术来自以色列的一种新型烟气净化技术，结合目前比较成熟的石灰石-石膏湿法空塔喷淋工艺，在现有的脱硫塔内使用一种能够高效脱除酸性气体且稳定性较高的富含硫氧基团（$>S=O$）的乳状有机催化剂，代替石灰石浆液与烟气接触，达到同时脱硫、脱硝、脱重金属，及二次除尘的烟气深度净化目的。该技术工艺系统包括吸收塔系统、烟气系统、氧化系统、过滤分离系统、中和剂及催化剂供给系统、催化剂回收系统、副产品回收系统等。有机催化一体化脱除系统工艺流程见图 4-2。

有机催化技术的一体化脱硫、脱硝、脱汞的原理如下：

（1）脱硫原理。烟气中的 SO_2、水及有机催化剂中的硫氧基团能形成稳定的络合物，从而有效地抑制不稳定的亚硫酸（H_2SO_3）分解再次释放 SO_2，并促进亚硫酸进一步氧化成硫酸，然后将催化剂与之分离。其催化反应过程：

$$SO_2 + H_2O + \text{有机催化剂} \longrightarrow H_2SO_3 + \text{有机催化剂} \longrightarrow$$
$$\text{稳定络合物} + O_2 \longrightarrow H_2SO_4 + \text{有机催化剂}$$

生成的硫酸可通过添加碱性中和剂（氨水）中和，制成高品质的硫酸铵［$(NH_4)_2SO_4$］化肥，其反应原理和过程与工业硫酸铵化肥的生产相似。

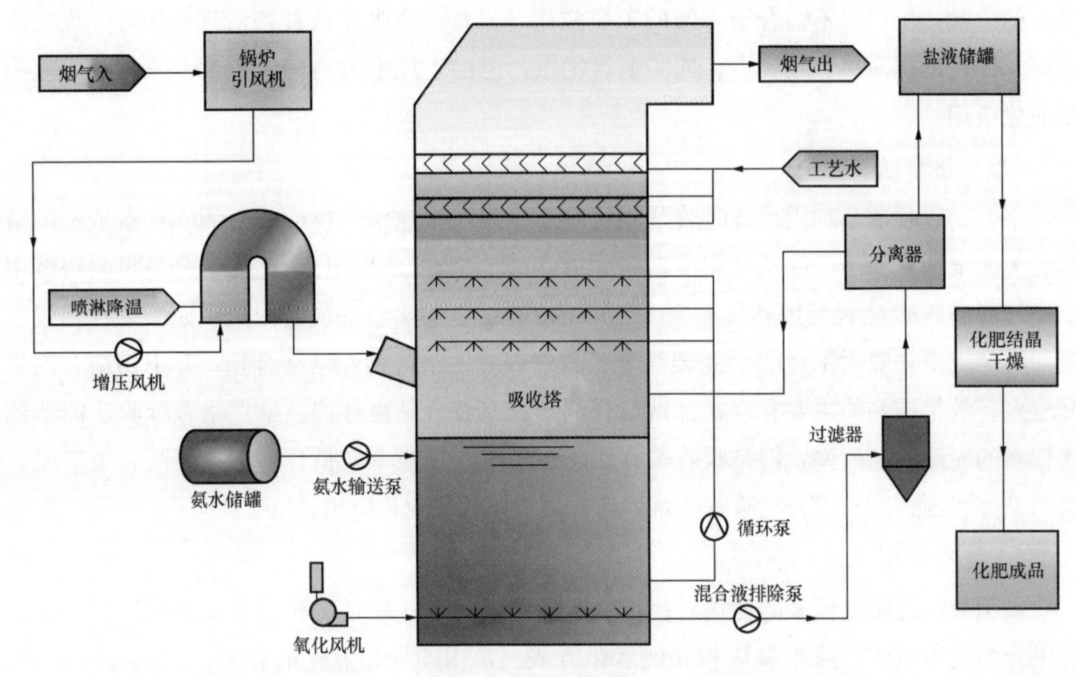

图 4-2 有机催化一体化脱除系统工艺流程图

(2) 脱硝原理。脱硝与脱硫原理相似，NO_2 先溶于水形成亚硝酸（HNO_2）并与有机催化剂中的硫氧基团结合形成稳定的络合物，从而有效地抑制不稳定的亚硝酸分解再次释放的 NO_2，并促使亚硝酸进一步氧化形成硝酸，催化剂随即与之分离。由于一氧化氮（NO）难溶于水，可先加入臭氧（O_3）或过氧化氢（H_2O_2）氧化成易溶于水的 N_2O_3 或 NO_2 等高阶态氮氧化物。其催化过程：

$$NO_2 + H_2O + \text{有机催化剂} \rightarrow HNO_2 + \text{有机催化剂} \rightarrow$$
$$\text{稳定络合物} + O_2 \rightarrow HNO_3 + \text{有机催化剂}$$

生成的硝酸可通过添加碱性中和剂（氨水）中和，制成硝酸铵（NH_4NO_3）化肥，其反应原理和过程与工业硝酸铵化肥的生产相似。

(3) 汞及其他重金属脱除原理。利用有机溶剂催化剂对重金属的溶解吸附作用，可以持续地对废气中的汞和其他重金属进行物理溶解、富集和吸附；当催化剂吸附重金属达到饱和后（约 6000h 以上），再进行清洗分离，使催化剂重新具有捕获汞的能力，同时无论吸附是否饱和，并不影响脱硫和脱硝工艺的正常进行。

预除尘后的燃煤烟气首先在烟道内与臭氧混合氧化，并经烟道送入吸收塔，垂直向上穿过有机催化剂吸收液喷淋区域。有机催化剂吸收液通过喷淋管的喷嘴，均匀的雾状粒珠充盈在吸收塔内的反应空间，与废气逆流接触后，汇集到位于吸收塔底部的液态环境中。在液气接触的过程中烟气中的污染物被捕获，净化后的烟气通过烟道送至烟囱排入大气。在吸收塔底部稳定的酸性混合液与碱性中和剂发生反应，生成稳定的化肥盐液，当盐液达到一定浓度后排出吸收塔。经过滤后的混合液进入分离器，利用盐液与催化剂的比重差异实现油水两相分离，分离出的催化剂返回吸收塔循环使用，化肥盐液则被送至结晶干燥系统制取固体化肥颗粒。

有机催化技术成功利用湿法脱硫设备，将催化氧化和化学吸收法相结合，实现脱硫、脱硝、脱汞，并对烟尘进行深度净化，该技术在罗马尼亚电厂成功应用。该技术的缺点是制备臭氧成本较高，用的氨水会出现氨逃逸现象。

三、 等离子体与湿式吸收法结合的多污染物一体化脱除技术

等离子体与湿式吸收法结合的多污染物一体化脱除技术是先利用等离子体的氧化作用将 NO 和 SO_2 分别氧化为 NO_2、SO_3 等中间产物，然后通过物理吸收或化学吸收的方式将中间产物进一步氧化为 HNO_3、H_2SO_4 等最终产物并实现回收。该技术主要包括介质阻挡放电反应器、吸收系统、湿式 ESP 和副产品回收系统。电子催化氧化技术工艺流程见图 4-3。

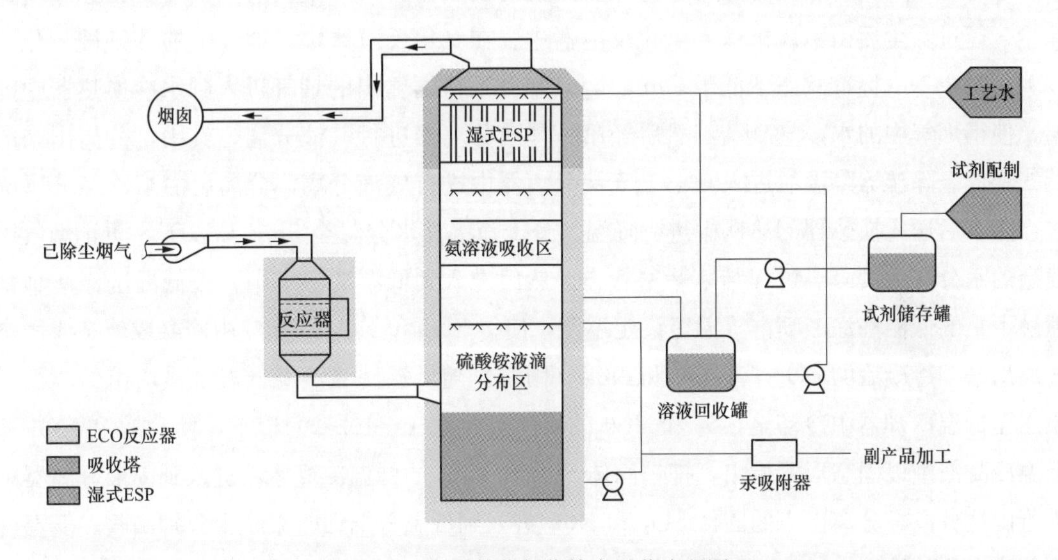

图 4-3 电子催化氧化技术工艺流程图

除尘后的烟气先送入使用高压交流电（480V）的介质阻挡放电反应器，在该反应器中，气态污染物被氧原子和羟基（—OH）活性基团氧化生成其高阶化合物。NO 转化为 NO_2 和硝酸，少量的 SO_2 被氧化生成 SO_3 和硫酸，零价汞（Hg^0）被氧化为二价汞（Hg^{2+}）。氧化后的烟气进入吸收塔，首先穿过由喷淋管喷嘴形成的硫酸铵液滴分布区，降低烟气的温度和含水量使其达到饱和，同时增加副产品硫酸铵的浓度。在氨溶液吸收区，烟气中 SO_2 和 NO_2 被氨溶液吸收中和，SO_3 与 NO_2 反应生成硫酸、氮气和氧气。经过两级溶液洗涤区，烟气中易溶于水的 Hg^{2+} 也会被溶液吸收，达到脱汞的目的。烟气中由反应

器产生的气溶胶及细颗粒物（如 PM2.5）会被湿式 ESP 捕获并送回硫酸铵液滴分布区。最后，净化后的烟气送至烟囱排入大气。当位于吸收塔底部的硫酸铵溶液浓度达到规定值时，硫酸铵溶液会经过滤系统除去溶液中的固体粉煤灰颗粒，难溶金属以及捕获的汞，然后输送至副产品加工线。该技术存在的问题是副产品回收利用困难，对 NO 的氧化率偏低，采用氨溶液作为吸收介质会导致氨在气相中比例较高，净化后的烟气中仍有氨逃逸，它会对环境构成危害。

四、 低温冷凝法一体化脱除技术

低温冷凝法烟气一体化脱除技术是基于低温氧化吸附机理，利用烟气中污染物组分在低温下的溶解特性和吸附特性进行。该系统主要包括锅炉烟气管道、省煤器、空气预热器、除尘器、引风机、氧化反应器、水冷换热器、第一气液分离器、低温除湿器、第二气液分离器、分子筛、换热器、低温洗涤塔、低温冷却器、固液分离器、补液器及低温分馏回收系统，实现烟气的一体化脱硫脱硝，且成本较低，脱硝效率高，不存在二次污染。

工艺流程：锅炉烟气首先经过省煤器及空气预热器进行降温及余热回收，再经除尘器除尘，经过除尘后由引风机送入氧化反应器中。在氧化反应器中，烟气中的 NO 被氧化成 NO_2，剩余 NO 标准状态下低于 50mg/m^3，氧化反应器输出的烟气进入到水冷换热器中降温，使得烟气中的水蒸气凝结，然后经第一气液分离器进行气液分离，其中，分离出来的烟气经低温除湿器降温后进入到第二气液分离器中进行气液分离，分离后的烟气经分子筛进行除水后送入换热器的热侧中进行降温。分子筛将其水分降至 5mg/L 以下，防止烟气中残余的水分在后续降温过程结冰堵塞管道，然后进入到低温洗涤塔中，被低温洗涤塔顶部喷淋下来的低温洗涤液喷淋降温至设定温度，使得 SO_2 和 NO_2 从烟气中冷凝成液态或固态分离出来，冷凝后的 SO_2（液态）和 NO_2（固态）随低温洗涤液经低温洗涤塔由低温循环泵送至低温冷却器中冷却至 SO_2 和 NO_2 的凝固点温度（−102℃）以下，使 SO_2 和 NO_2 从低温冷凝液中以固态形式析出，携带固体 SO_2 和 NO_2 的低温冷凝浆液进入到固液分离器中进行固液分离，分离出来的固体 SO_2 和 NO_2 进入到低温分馏回收系统中分别回收，低温洗涤液进入到补液器中，补液器输出的低温冷凝液经低温洗涤塔的顶部喷淋返回低温洗涤塔。低温洗涤塔顶部排出的净烟气依次在换热器的冷侧回收冷量（冷量回收后烟气温度为−8℃）、低温除湿器的冷侧回收冷量（冷量回收后烟气温度为 25℃）及冷水器的冷侧回收冷量（冷量回收后烟气温度为 100℃）后排入电厂排烟系统，经过低温洗涤塔洗涤排出的净烟气中 SO_2 标准状态下低于 35mg/m^3，NO_x 标准状态下低于 50mg/m^3（主要是为氧化完全的 NO），粉尘标准状态下低于 5mg/m^3，满足超低排放要求。低温冷凝法烟气一体化脱除技术流程见图 4-4。

工艺特点：低温冷凝烟气一体化脱硫脱硝系统及方法在具体操作时，通过省煤器、空气预热器、除尘器及氧化反应器对烟气进行前处理，将难以冷凝脱除的 NO 氧化成容易冷

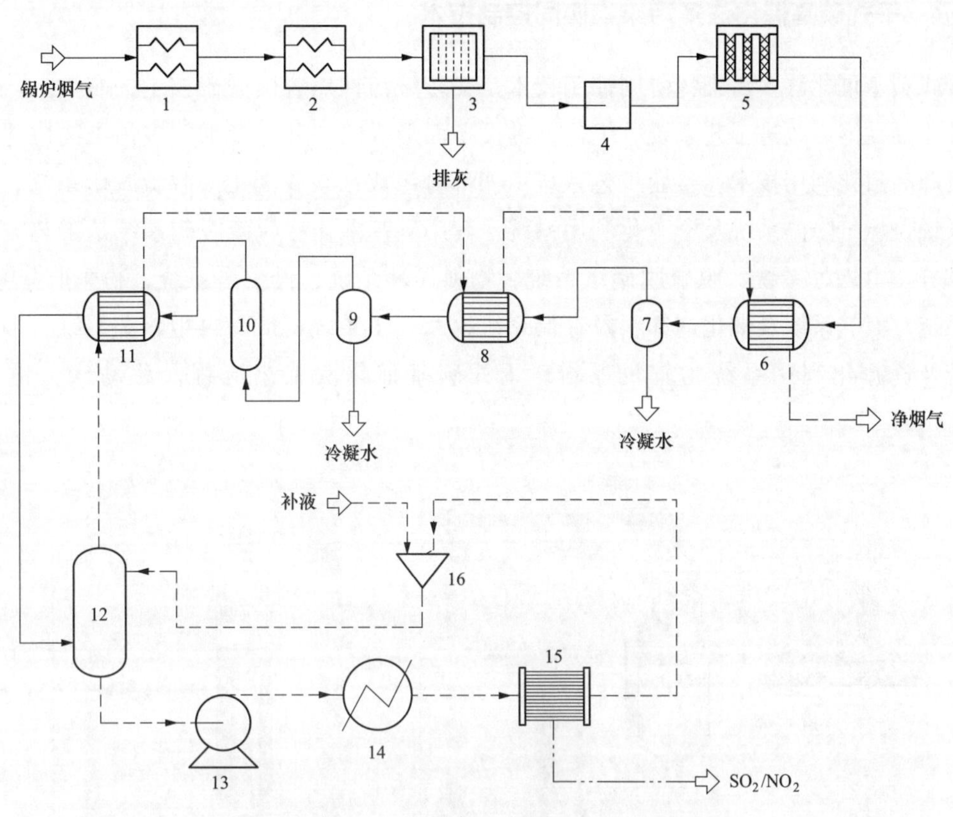

图 4-4 低温冷凝法烟气一体化脱除技术流程图

1—省煤器；2—空气预热器；3—除尘器；4—引风机；5—氧化反应器；6—水冷换热器；
7—第一气液分离器；8—低温除湿器；9—第二气液分离器；10—分子筛；11—换热器；
12—低温洗涤塔；13—低温循环泵；14—低温冷却器；15—固液分离器；16—补液器

凝的 NO_2，氧化反应器输出的烟气经多级逐渐冷却及多级除水，以回收烟气中的水分，实现电厂节水，避免烟气中的水分在后续降温过程中结冰堵塞管道，再在低温洗涤塔中进行喷淋降温，然后进入到低温冷却器中进一步降低温度，使得 NO_2 和 SO_2 冷却为固体，最后经固液分离器分离出来后利用低温分馏回收系统分别回收，避免 SCR 脱硝和 FGD 脱硫的各种缺陷，而且脱除下来的污染物组分可以通过低温分馏回收利用，具有很好的应用前景。另外，此方法采用物理方法进行脱硫脱硝，减少了氨、石灰石及脱硝催化剂等化学品使用，避免出现二次污染和脱硫废水的排放，同时通过烟气冷量的分级回收，降低系统运行的制冷能耗，成本较低，脱硝效率高。

2021 年 5 月中国华能集团有限公司“低温法污染物一体化脱除技术研发和中试验证”项目在某电厂通过验收。目前该电厂开展首台 300MW 机组工程放大研究，并基于该技术开发融合二氧化碳捕集技术，最终实现烟气污染物和二氧化碳协同脱除。

五、 干式碳基催化法多污染物协同控制技术

干式碳基催化法多污染物协同控制技术是在传统活性焦脱硫脱硝技术的基础上，通过提升催化剂性能、改进工艺系统、优化关键设备而形成的一种新型烟气多污染物协同控制和硫资源高值化利用技术。整套工艺系统由四部分组成：碳基催化法脱硫脱硝系统、再生热源系统、烟气降温系统及资源化利用系统，其中碳基催化法脱硫脱硝系统是工艺方案的主体部分，由烟气系统、脱硫脱硝塔系统、物料循环系统、再生塔系统、粉尘收集系统、喷氨系统、氮气系统及催化剂卸料及存储系统这八个子系统构成。再生热源系统、烟气降温系统及资源化利用系统为辅助系统。干式碳基催化法工艺流程及移动床关键设备见图 4-5。

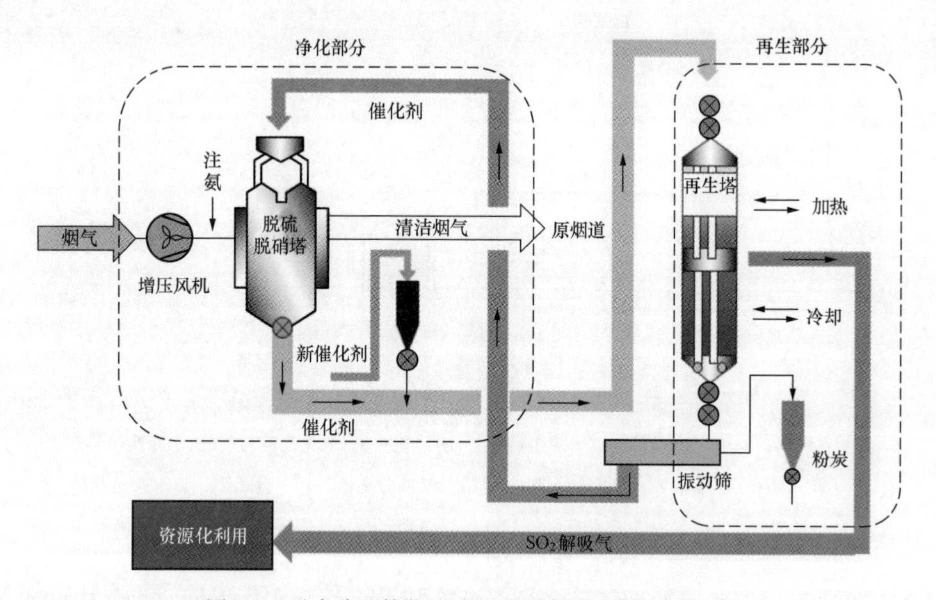

图 4-5 干式碳基催化法工艺流程及移动床关键设备

2022 年 4 月，龙源环保承建的国家重点研发计划示范工程项目——大连开发区热电厂干式碳基催化法脱硫脱硝工程通过 168h 试运，环保指标达到超低排放标准。该项目是国电电力牵头实施的国家重点研发计划“燃煤电站多污染物协调控制与资源化技术及装备”课题四“干式碳基催化法多污染物协同控制与资源化关键设备及集成示范”的重要组成部分。针对 300MW 等级以上燃煤电站机组实际烟气参数和污染物控制目标，实施碳基催化法关键设备开发，即硫硝高效协同脱除反应器、高效低能耗再生反应器、氨均布混合设备开发。开展关键设备及系统的设计、采购、制造、安装及调试，并完成干式碳基催化法多污染物协同控制工艺设备集成应用与运行优化研究。该项目以开发高活性、高强度碳基催化剂目标，培育新兴煤炭开发利用经济实体，成功应用后，在烟气污染物资源回收方面填补国内燃煤电站多污染物协同控制领域的技术空白，引领燃煤单站多污染物协同控制相关技术和

循环经济产业发展。

六、脱硫协同除尘技术

高效脱硫协同除尘技术可以大幅提升脱硫系统协同除尘效率，在脱硫装置下游不增加新一级除尘装置的前提下，直接实现脱硫塔出口烟尘浓度超低排放。目前，国内外主流技术路线主要包括“低低温除尘器＋高效除尘脱硫塔”一体化协同治理技术和高效除尘除雾装置技术两种。

（一）“低低温除尘器＋高效除尘脱硫塔”一体化协同治理技术

通过除尘器前设置低低温省煤器对烟气降温，使除尘器出口粉尘粒径增大、处理烟气量降低，同时脱硫塔设计时采用流场优化、除雾器优化配置、烟气防短路、喷嘴优化等技术措施，使粉尘易于在脱硫塔中被浆液洗涤捕集，从而提升脱硫塔的协同洗尘效率，实现80％以上的协同洗尘效果。此技术可以实现在低低温除尘器出口烟尘浓度为 20～30mg/m^3 条件下，脱硫塔出口直接实现烟尘浓度低于 5mg/m^3。

（二）高效除尘除雾装置技术

在不设置低低温除尘器的前提下，通过采用新型高效除尘除雾装置，配合吸收塔流场优化、除雾区高度抬升、增效装置设置、喷淋覆盖率增加、高效喷嘴设置等技术措施，直接实现脱硫塔出口烟尘超低排放。此技术可以实现在脱硫塔烟尘浓度低于 30mg/m^3 条件下，除雾器出口烟气携带液滴浓度低于 20mg/m^3、脱硫塔出口烟尘浓度低于 5mg/m^3。高效除尘除雾装置包括管束式除尘除雾装置、冷凝式除尘除雾装置、声波式除尘除雾装置等。其中，管束式除尘除雾装置主要依靠离心力、惯性力以及重力作用实现烟气中雾滴、颗粒物等物质的分离。冷凝式除尘除雾装置是通过设置冷凝湿膜层使烟气冷却降温，析出冷凝水汽并以细微颗粒物和残余雾滴为凝结核，长大的颗粒物和雾滴撞击在波纹板上被水膜湮灭从而被拦截。声波式除尘除雾装置通过声波作用实现超细颗粒物团聚并长大，最终在除雾器内部离心作用下实现脱除。

七、汞的协同脱除技术

随着燃煤电厂超低排放改造工作的全面推进，常规污染物指标已全面实现深度脱除，而 SO_3、Hg、$PM_{2.5}$ 等新型污染物指标日益被关注。在此背景形势下，同时考虑到工程改造投资、发电企业运维工作量、现役燃煤电厂改造空间等限制因素，如何充分利用现有污染物脱除装置实现新型污染物指标的高效协同脱除成为下一步燃煤电厂环保专业的重点研究课题。现有污染物脱除装置在脱除常规污染物指标的同时可实现辅助脱除与协同脱除功能，例如 SCR 脱硝氧化 Hg^0，低低温电除尘器出口烟尘粒径增大等均可提高后续装置协同脱除能力，而低低温电除尘器、湿法烟气脱硫、湿式电除尘器等装置均具有协同脱除多种污染物的能力。后续应对新型污染物指标控制要求，应尽量避免大规模工程改造，尽可能通过现有污染物控制装置的局部改造，充分发挥协同脱除的组合效应，满足排放要求。

第二节　脱硫废水零排放技术

当前，我国燃煤机组90%以上烟气脱硫采用石灰石-石膏湿法脱硫工艺，脱硫废水由于成分复杂污染物浓度高成为治理重点。目前脱硫废水零排放技术流派多，且均处于试点、技术验证阶段，解决结垢堵塞、能耗高、腐蚀、成本高等难题是当下行业研究焦点。如何组合现有工艺，扬长避短，实现低成本脱硫废水零排放，提高废水和矿物盐的综合利用率，将是今后脱硫废水零排放研究的重点。

一、烟气余热浓缩蒸发脱硫废水零排放技术

2018年3月30日，龙源环保对泰州电厂2号机（1000MW）实施了低成本脱硫废水零排放示范工程，创新性地提出了低品位余热浓缩、高品位热源干燥的技术路线，系统简洁、工艺合理、运行可靠，实现了低成本废水零排放。

（一）技术原理

该工艺抽取脱硫塔前低温烟气作为蒸发介质，利用湿法喷淋的工艺实现脱硫废水的浓缩减量；利用热二次风作为干燥介质，将浆液浓缩干燥为含尘气体，最后进入静电除尘前烟道，与粉煤灰收集。烟气余热浓缩蒸发工艺主要包括蒸发浓缩单元、药剂中和单元、干燥固化三个单元。一炉一塔布置，系统包含烟气系统、浓缩塔系统、固液分离系统、浓缩浆液调质系统、浓缩浆液干燥系统。烟气余热浓缩蒸发工艺流程见图4-6。

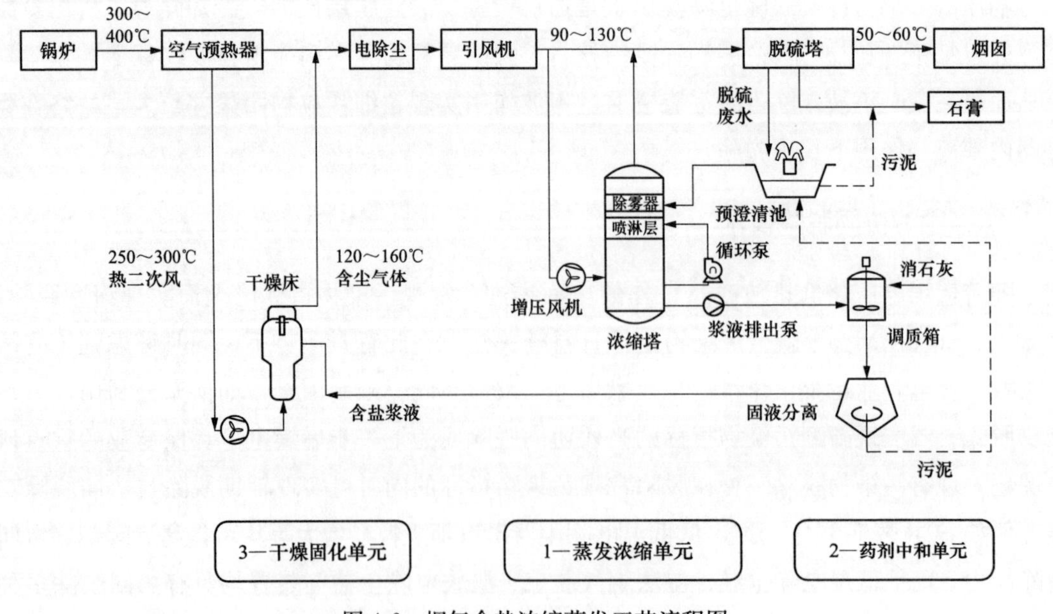

图4-6　烟气余热浓缩蒸发工艺流程图

(1) 蒸发浓缩单元：未经过三联箱加药处理的脱硫废水，直接送入废水零排放浓缩系统；利用引风机后脱硫塔前的低温烟气（90～130℃）作为热源，在浓缩喷淋塔内对废水进行10倍以上高倍率浓缩，蒸发后的湿烟气返回脱硫塔中，实现了洁净水的利用；经过浓缩后的废水大幅减量，降低了下游工艺的处理难度。

(2) 药剂中和单元：浓缩后的浆液呈弱酸、高氯的特点，利用少量廉价消石灰作为药剂，将浓缩后的浆液的pH值调整至中性/弱碱性，经过简单的固液分离后，产生部分污泥和清液，污泥主要成分为石膏、飞灰等，可掺入煤中混烧、脱水掺入石膏中或外运；少量高氯根的清液进入后续干燥固化单元。

(3) 干燥固化单元：抽取少量300℃左右的热二次风作为热源，将含氯的清液进行彻底干燥，实现废水的固化，利用原电站除尘器将干燥后的固体均匀的掺混入粉煤灰中，解决零排放后固体物的去向问题，真正实现脱硫废水的“零”排放。

（二）工艺特点

(1) 解决了低能耗、高倍率浓缩的问题：利用低温烟气作为热源，采用浓缩喷淋塔的方式，实现了废水的低能耗、高倍率的浓缩减量；相比膜法等工艺，无须对前端水质进行预处理，浓缩倍率高。

(2) 解决了水质波动性影响的因素：同一电厂的脱硫废水水质波动范围很大，浓缩喷淋塔适应性强，不同水质的脱硫废水均可进入浓缩系统，不影响脱硫废水零排放系统的出力及稳定性。

(3) 解决了加药成本高的问题：基于整体技术路线的特点，浓缩减量后的浆液弱酸的特性，只需少量消石灰加药，减少了其他昂贵药剂的消耗，同时不再需要进行原有的三联箱加药处理，直接进入澄清池降低含固量后即可进入下游设备进行浓缩，充分利用现有装置，系统简单，进一步降低了运行成本。

(4) 解决了最终盐的出路：利用少量高温热风对杂盐溶液进行干燥，少量固体最终均匀的混合进入粉煤灰中，灰含氯离量低于0.03%，不仅实现了最终的零排放，而且不影响粉煤灰的出售。

(5) 解决了高含盐废水易结垢、易腐蚀的问题：采用独立的浓缩干燥系统，对烟风系统基本没有影响，将高含盐量废水易结垢、易腐蚀的风险限制在浓缩塔内，同时借鉴湿法脱硫吸收塔的防腐经验，解决了浓缩塔的腐蚀问题，提高了浓缩塔的可靠性。浓缩塔采用合适的喷嘴喷淋，并利用浓缩塔的酸性环境，彻底解决了高含盐量废水结垢堵塞的顽症。

(6) 采用适用于高含盐废水的干燥装置：采用惰性载体流化床结构，对浓缩后的高含盐量废水更加适应，降低了干燥过程中存在堵塞的风险，实现了以较少热风干燥固化废水的效果。

相比传统的喷雾干燥工艺，该技术是采用流态化的基本原理，利用热二次风作为干燥、流化介质，在床体内放置大量的惰性载体颗粒。在正常运行工况下，颗粒属于流化状态，因此具有极强的横向和纵向湍动，传质、传热效果强。浆液喷涂在惰性粒子表面，与高温热风进行热质交换，干燥后的浆液通过惰性粒子之间的碰撞研磨后，从惰性载体表面脱落，被气体携带离开干燥床，含尘粉尘引接进入静电除尘器，实现粉尘的捕集。干燥床干燥原理见图 4-7。

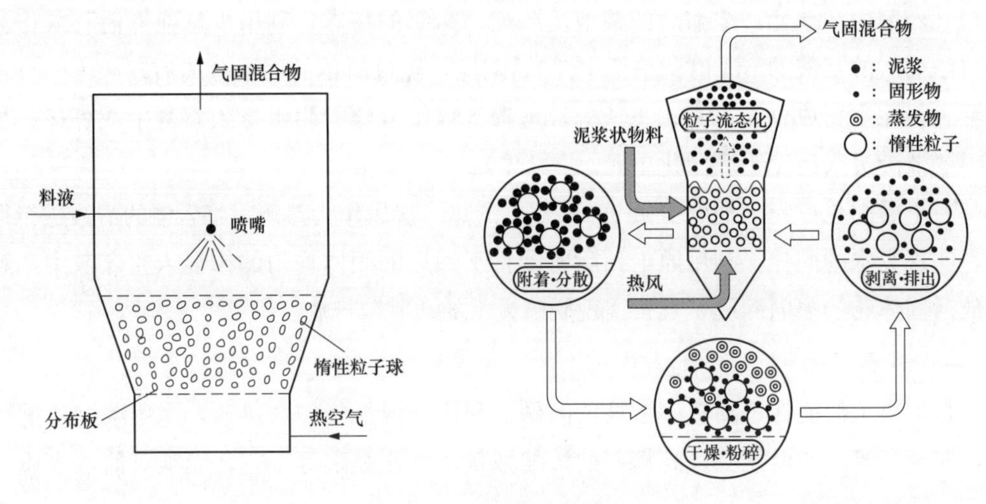

图 4-7　干燥床干燥原理图

（三）常见问题

由于烟气和脱硫废水直接接触，浓缩塔中浆液浓缩倍率可达到 10～15 倍，氯离子浓度为 15 万～30 万 mg/L，浓缩系统存在潜在的结垢和腐蚀风险，如废水含固量控制过高造成除雾器结垢、喷淋管堵塞，浓缩系统转机设备和膨胀节腐蚀等情况。系统采用的惰性载体流化床，前期曾出现管道结垢、喷浆管喷嘴堵塞等问题，经过技术优化及升级，喷枪改为套管式喷嘴等后，干燥床稳定性得到显著改善。

二、膜法浓缩蒸发结晶废水治理技术

（一）技术原理

该工艺主要采用软化预处理＋膜浓缩减量＋蒸发结晶干燥处理，实现脱硫废水的零排放目标。工艺流程：脱硫废水原水→预处理（软化）→膜法浓缩→MVR 蒸发结晶→结晶盐资源化利用。膜法浓缩蒸发结晶废水治理技术工艺流程见图 4-8。

（1）软化预处理单元：脱硫废水进入软化处理单元，核心技术为膜强化软化 TUF 管式膜＋SCNF 纳滤膜，主要去除脱硫废水中的悬浮物、硫酸根、钙、镁、钡、硅、COD 等物质，实现脱硫废水软化，确保后端膜浓缩系统的正常稳定运行，并完成一价离子和二价离子的分离，实现分盐处理及高品质工业盐、高品质石灰石浆液的回收利用，降低固体废物的排放量。

（2）膜浓缩处理单元：核心技术为特殊流道反渗透（SCRO）＋高压反渗透（DTRO），

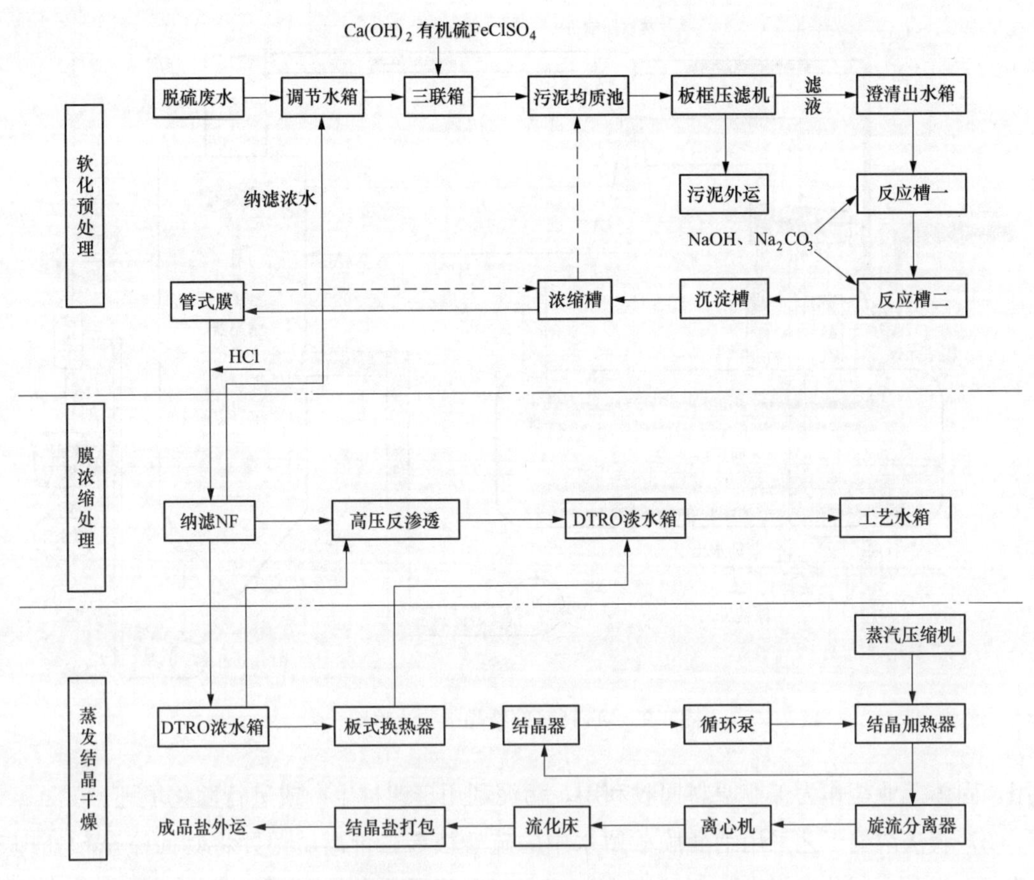

图 4-8 膜法浓缩蒸发结晶废水治理技术工艺流程图

该工艺段主要实现脱硫废水浓缩减量处理，利用高盐废水专用反渗透膜的脱盐作用，将脱硫废水中的盐截留在浓盐水中，使得进入蒸发结晶系统的废水量降至原水的 20%左右，最大限度地减小蒸发系统处理规模，节约投资和运行成本。

(3) 蒸发结晶干燥（MVR）单元：经全段软化预处理及浓缩减量的脱硫废水，因采取了纳滤系统分盐，使得浓盐水中盐分 97.5%以上为氯化钠，高纯度的浓盐水使得蒸发结晶系统的运行更加稳定可靠。蒸发结晶段主体工艺为 MVR 结晶器，蒸发出的结晶盐经离心分离、流化床干燥处理后打包封装，最终产品为纯度高于 97.5%的袋装氯化钠，达到《工业盐》(GB/T 5462—2015) 所规定的精制工业盐二级标准，实现固体废物的综合利用和减量处置。MVR 蒸发结晶工艺流程见图 4-9。

2016 年，某公司 EPC 总承包形式，采用预处理—膜法浓缩—蒸发结晶技术工艺，完成了某电厂扩建工程脱硫废水深度处理。整个脱硫废水设计处理能力 36t/h，工程投资 8000 万元，运行成本 100 元/t。

(二) 工艺特点

(1)“预处理—膜法浓缩—蒸发结晶”脱硫废水处理工艺的环保效果为：回收水在厂内

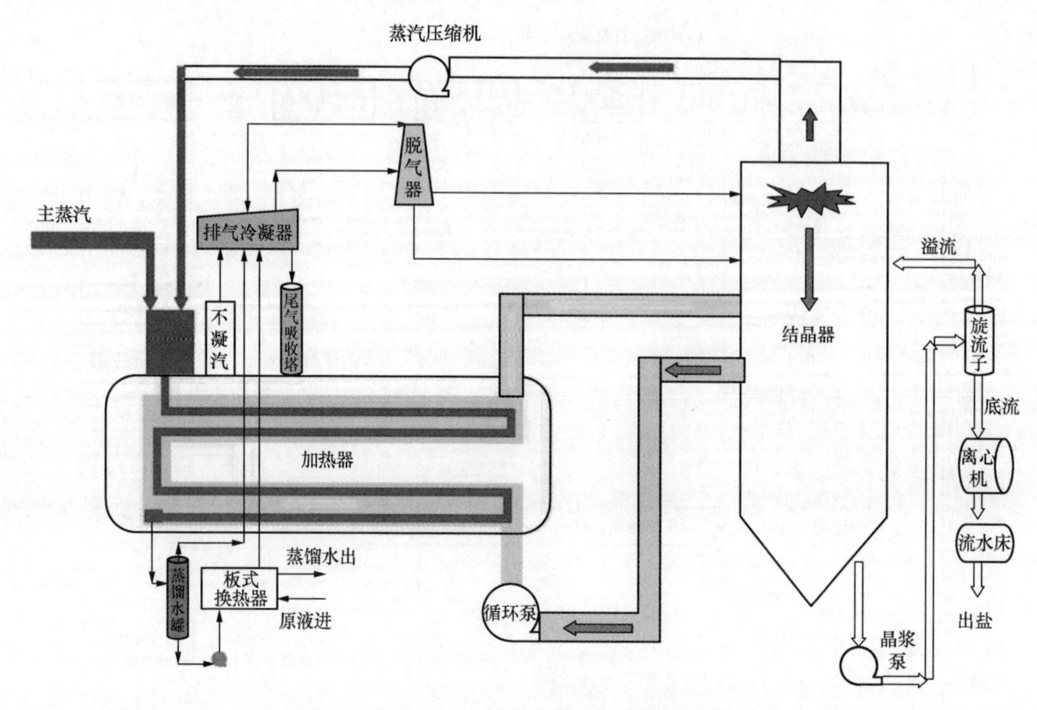

图 4-9　MVR 蒸发结晶工艺流程图

回用，固体工业盐作为工业原料回收利用，污泥利用于建材生产或进行固化填埋。

(2) 膜法浓缩工艺采用纳滤膜截留水中的硫酸根等二价离子，并将其回流至预处理系统进口，充分利用硫酸根去除钙硬度，从而大幅度降低碳酸钠的投加量，降低系统运行成本。通过合理的膜处理工艺技术组合，可将水中的总溶解固体含量浓缩至 8%～12%（取决于反渗透膜处理的形式），大幅节约蒸发能耗，相比于“预处理＋蒸发结晶”工艺，整个系统的投资费用和运行成本均得到大幅度降低。

(3) MVR 蒸发结晶是本技术方案的核心工艺，具有热效率高、设备操作弹性大、能耗低等优点。MVR 是将低温的二次蒸汽经蒸汽压缩机压缩，提高其温度、压力和热焓后，再对进入蒸发器的废水进行加热，达到充分利用蒸汽潜热的目的。MVR 蒸发器仅在每次系统启动时，需依靠外来新蒸汽作为热源加热；正常运行切换至机械蒸汽压缩系统后，仅在结晶盐干燥过程需要少量外来蒸汽。

(4) 缺点是初期投资费用较高，系统流程较长且控制较复杂；膜元件易污染堵塞且难清洗恢复，更换费用较高；为防止膜浓缩单元结垢，预处理需软化加药去除钙镁离子，造成运行费用较高。

（三）常见问题

脱硫废水水质成分复杂多变影响预处理水质、指标波动较大难以稳定，不能确保膜处理系统连续稳定运行。浓缩段主要通过 NF、SCRO、DTRO 等膜元件来实现，膜元件对水质的波动性适应较差，长时间（周期）运行后，部分污染物逐渐附滞在膜表层会影响到膜产水量低下，造成产水量以及系统出力降低现象。在蒸发浓缩及结晶过程中，蒸发器换热部件不可避免地会慢慢出现钙镁结垢，影响换热性能进而影响系统的处理能力。

三、外置旁路烟道蒸发法

（一）技术原理

采用一种废水高效节能蒸发结晶器，直接将预处理和减量后脱硫废水喷入该结晶器内，利用双流体雾化喷嘴进行雾化。该方法从空气预热器与SCR出口之间烟道中引入少量高温烟气，使雾化后的废水迅速蒸发，产生的水蒸气和结晶盐随烟气进入低低温前烟道，结晶盐随粉煤灰在除尘器内捕捉，水蒸气则进入脱硫系统冷凝成水，间接补充脱硫系统用水。外置旁路烟道蒸发法工艺流程见图4-10。

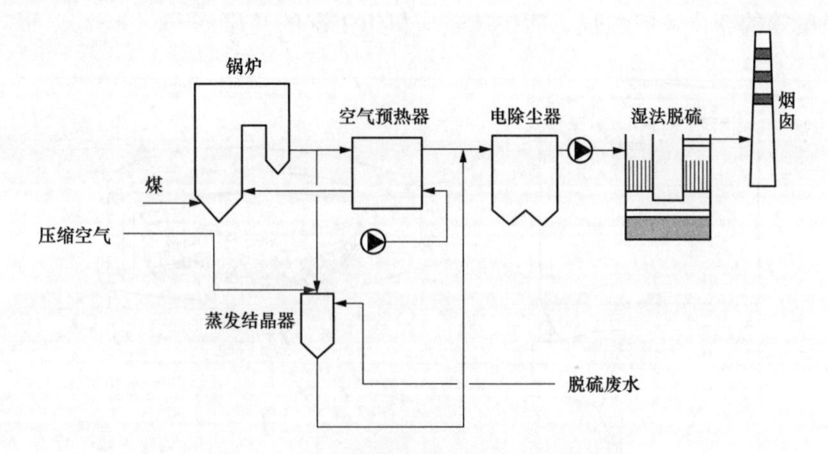

图4-10 外置旁路烟道蒸发法工艺流程图

（二）工艺特点

此技术具有无液体排放、不会造成二次污染、建设运行费用低、占用空间少、不需额外能量输入以及不产生多余固体等优点。

（三）常见问题

（1）对脱硫废水预处理水质有一定要求，当预处理水质总溶解固形物较高时，易对喷嘴造成堵塞。

（2）需要对脱硫废水进行预处理和使用压缩空气进行雾化。

四、旋转喷雾干燥工艺

（一）技术原理

喷雾干燥（WSD）是一种将溶液、乳浊液、悬浮液或浆料在热风中喷雾成细小的液滴，在它下落过程中，水分被蒸发而形成粉末状或颗粒状的过程。

当热烟气经过分散进入WSD干燥塔时，溶液利用旋转雾化器雾化成平均直径

10～60μm 的精细浆雾滴与其进行接触，在气液接触过程中，水分被迅速蒸发，通过控制气体分布、液体流速、雾滴直径等，使雾化后的雾滴到达 WSD 干燥塔壁之前，雾滴已被干燥，废水中的盐类最后形成粉末状的产物。干燥产物在蒸发塔底部高速涡流后，随烟气进入除尘器处理。

脱硫废水能在 WSD 中被快速干燥的主要原因是：

(1) 由于烟气和液滴以 160～200m/s 较高的相对速率脱离雾化器，因此传质系数较大。

(2) 液体雾化效果好且均匀，表面积也很大，在雾化过程中每升被雾化的浆液形成了 $200m^2$ 的表面积。

主要装置：喷雾干燥工艺技术的核心是旋转雾化器（见图 4-11）。旋转雾化器除具有高可靠性、易维护、耐磨、雾化均匀等优点外，其喷浆量的调节范围广，对烟气温度、烟气成分、烟气量等的变化适应性强，能快速响应机组工况的变化。

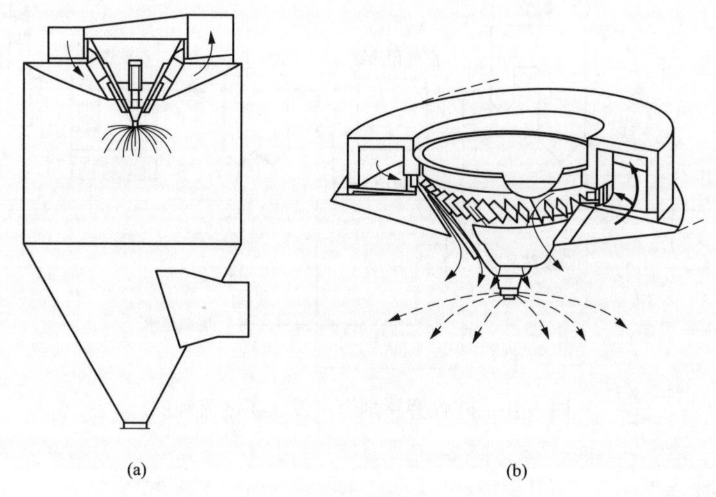

图 4-11 旋转喷雾干燥工艺主要设备

(a) 干燥塔；(b) 旋转雾化器

每个干燥塔配置一个旋转雾化器，烟气通过烟气分布器后进入干燥塔，保证烟气与雾滴充分混合，实现传热、传质反应。通过控制雾化器的转速，保证终产物干燥的前提下，避免“湿壁”现象的产生。

由于喷雾干燥系统的工作温度总是在露点温度以上，因此塔体及烟道等与烟气介质接触的材料无须进行特殊的防腐处理。因脱硫废水氯含量高，与脱硫废水接触的雾化盘采用哈氏合金材质。旋转喷雾干燥工艺流程见图 4-12。

该技术工艺 2019 年 6 月应用于山西瑞光热电厂，项目总投资约 3200 万元。系统总功率约为 250kW，每小时耗电量约为 250kWh，除盐水耗量约 0.1t/h，工艺水耗量约 $0.7m^3/h$。

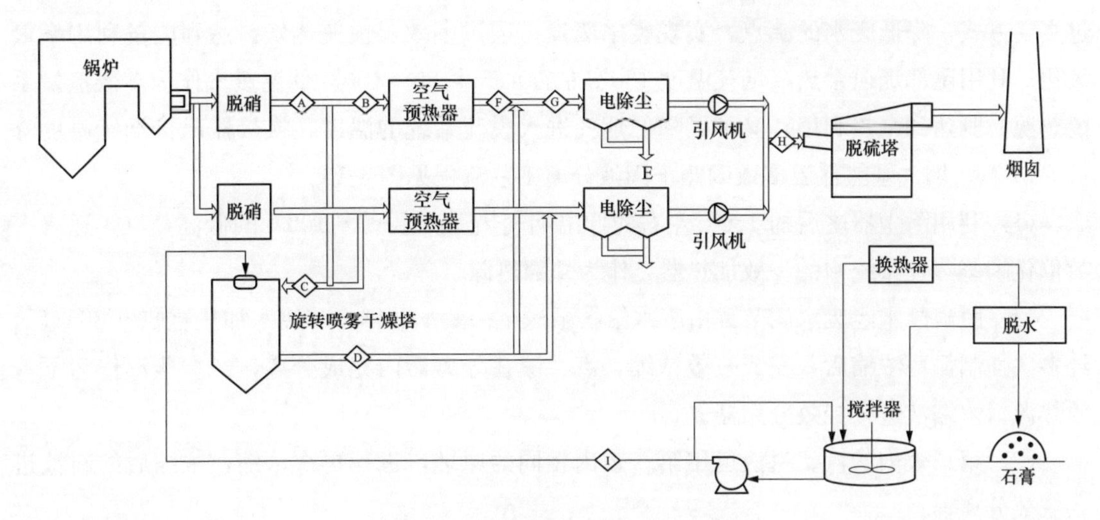

图 4-12 旋转喷雾干燥工艺流程图

（二）工艺特点

（1）投资与运行费用低。

（2）雾化粒径小，停留时间长，蒸发迅速，系统可靠性强；设有热烟气分布器，提高了热烟气与液滴的混合均匀度，增强了传质传热效果。

（3）旋流雾化器离心力强度大，不易堵塞，可用于处理高含固量的废水。

（4）由于设立单独的蒸发塔，抽取温度较高的空气预热器前烟气，可根据处理量的不同，抽取不同量的热烟气，保证脱硫废水能够完全蒸干，蒸发不受锅炉负荷影响，不会对后续设备造成影响。

（5）重金属和杂盐转入灰中，在飞灰的再利用过程中得以固化，对环境的影响最小。

2017 年 7 月，山西临汾热电有限公司 1 号机组投资建设了旋转喷雾法国产示范化项目，该项脱硫废水处理量设计值为 5t/h，机组负荷在 290MW 以上并稳定 WSD 出口烟气温度在 150℃时，处理量达到 6t/h。

（三）常见问题

（1）由于脱硫废水氯离子含量高，可能对粉煤灰品质产生一定影响，尤其是对氯离子有严格要求的高强度混凝土影响较大。

（2）应需要抽取一定量的烟气，一般需要抽取烟气总量的 2.4%～4.8%，造成热风温度下降 3～6℃，影响锅炉效率降低 0.3%～0.5%。

（3）处理脱硫废水水量较小。

五、 烟气余热低温多效闪蒸＋固液分离工艺

（一）技术原理

以脱硫废水中的石膏晶体为晶核，浓缩废水中的各种离子，使其以晶体形式析出；通

过真空方式，降低废水的沸点，实现废水蒸发；通过多效、快速蒸发，达到能量利用率最大化；利用尾部烟道余热（烟气温度130℃左右）产生90～100℃低温蒸汽作为多效蒸发系统热源，既达到余热利用，又可以降低烟气进入脱硫系统的温度，换热器出口烟气温度降低5～8℃。烟气余热低温多效闪蒸＋固液分离工艺流程见图4-13。

（1）利用除尘器之后的130℃左右的低温烟气热量产生90～100℃的低温蒸汽，送入多效催化闪蒸蒸发系统中的一效加热器，作为外部热源。

（2）脱硫废水经废水调节罐由废水给料泵送至一效加热器，将废水加热至80～86℃后，经多次强制循环浓缩后，完成一效浓缩，汽、液在分离器内完成分离，二次蒸汽作为下一效热源，浓缩液进入二效分离器。

（3）第二效内的汽、料液运用第一效内相同的原理，进行再次浓缩，浓缩后的料液进入三效分离器。

（4）料液在第三效内进一步浓缩，浓缩液达到一定的密度后，浓液从强制循环泵出口引出，经浓浆罐由浓浆泵送入固液分离装置。整个过程循环往复作业。

各效分离器蒸发出的二次蒸汽，经冷凝后汇集到冷凝水回用水箱回用。

（二）技术指标

（1）最大处理能力15m^3/h。

（2）固体物料含水率小于20%，干物料为石膏＋原废水中溶解的结晶盐类，可单独堆放。

（3）洁净水回收率大于95%，可以再回用于脱硫系统或辅机冷却水池，以达到节约水资源的目的。

（4）运行成本较低，处理每吨废水6～10元，考虑蒸发冷凝水回用，综合运行成本更低。

（三）工艺特点

利用脱硫入口烟气余热为多效蒸发提供热源，降低系统能耗；无预处理，不需加药，多效蒸发浓缩液处理可采用干燥机干燥或采用旁路烟道蒸发方案；能达到90%回收利用，回收水可以作为工业用水，水质能达到国家二级水质标准。

（1）采用多效闪蒸技术，实现能源阶梯利用，提高了能源的利用率。

（2）利用锅炉尾部烟气余热，整个蒸发结晶过程无外部蒸汽输入，实现低能源消耗。

（3）不需要对脱硫废水进行预处理。

（4）运行成本较低，考虑蒸发冷凝水回用，综合运行成本更低。

（5）多效蒸发器及增稠器设备长期运行的腐蚀和圬堵问题待时间检验。

（四）常见问题

（1）设计时应充分考虑系统热源选取，尽可能选用锅炉系统余热，否则建成后吨水处理成本会很高。如采用辅助蒸汽作为系统热源，热源成本将占总运行费用的65%以上。

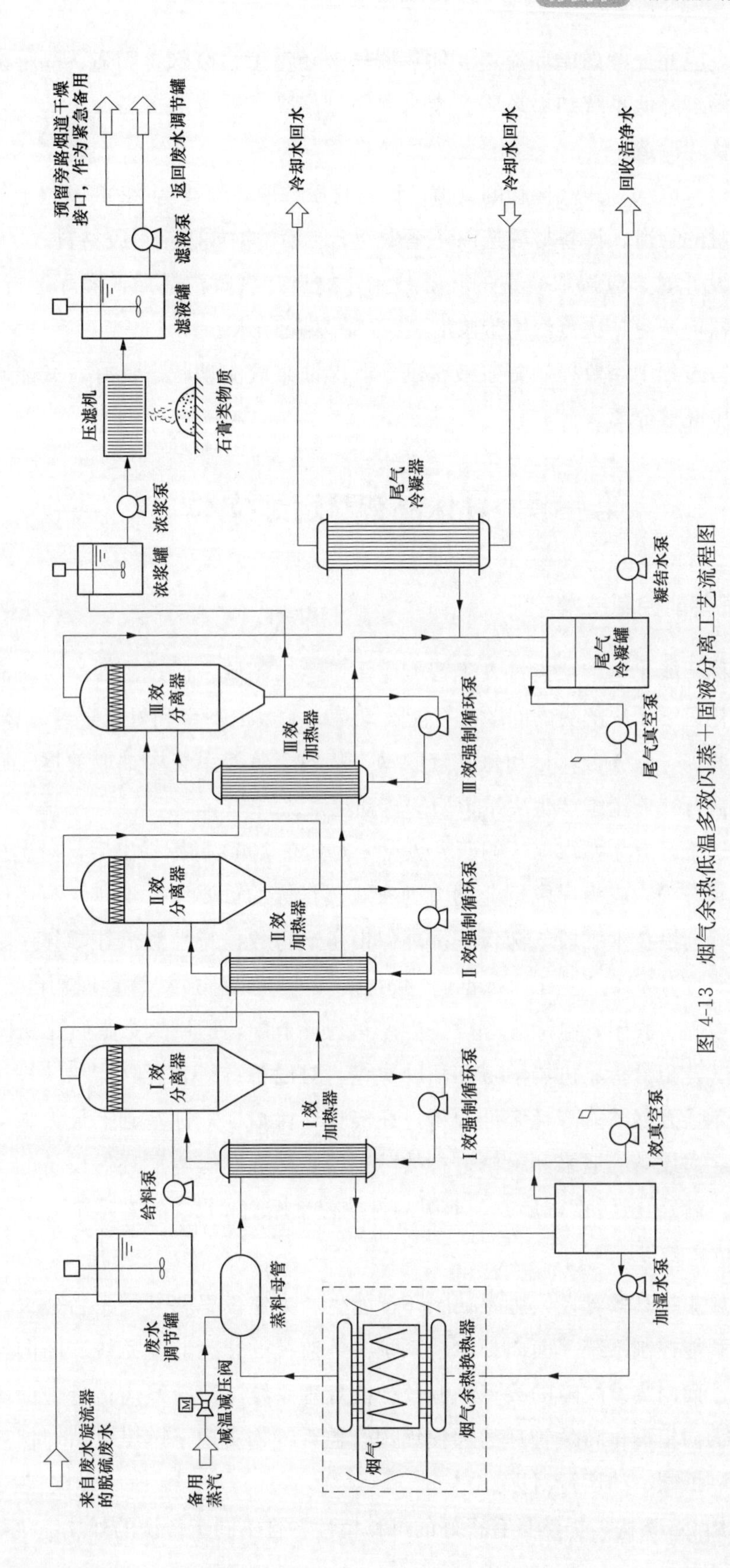

图 4-13 烟气余热低温多效闪蒸＋固液分离工艺流程图

（2）设计时，应充分考虑循环流速、加热器气液相温度、废水含固量、晶种浓度、局部区域材质选择等，降低系统结垢风险。废水含固量偏高，需考虑提高换热效率，同时对石膏旋流器进行优化改造。

（3）设计时，与废水、蒸汽接触的管道、设备材质选取，至少为 2205 及以上等级的材料；与凝结水接触的管道、设备材质选取，至少为 304 不锈钢或碳钢衬胶材料。

（4）分离器设计时，应选取合适的除雾技术，提高二次蒸汽品质，实际运行过程中，应定期冲洗除雾器，避免二次蒸汽携带浆液液滴，污染凝结水。

（5）实际运行过程中，要控制好浆液密度，既保证浆液流动状态良好，又能确保浓浆在固液分离装置中高效分离。

第三节　环保岛智慧运维技术

一、 环保岛智能控制技术

智能运维又称智能化运维，指将人工智能应用于运维领域，通过机器学习从而发现和解决传统的自动化运维无法解决的问题。智能运维是以大数据平台和机器学习（算法平台）为核心，需要与监控、服务台、自动化系统联动，从各个监控系统中抽取数据、面向用户提供服务，并有执行智能运维产生决策模型的自动化系统。

目前，智慧运维已成为燃煤电厂的研究热点，尤其在 3060 目标提出后，对燃煤电厂环保岛进行智能低碳升级，成为煤电行业助力国家双碳目标的重要发力点。龙源环保依托人工智能、大数据等前沿技术手段，深入挖掘环保设备运行数据特性和潜在规律，融合行业专家知识体系，研究开发了“基于大数据的燃煤电厂烟气超低排放智慧管理平台”，在燃煤电厂“环保岛”脱硫、脱硝、电除尘等设备生产运行环节中，运用大数据技术进行数据采集、处理、存储、建模分析、机器学习和辅助决策，对设备运行工况、能耗及排放指标进行实时监控及展示，开展节能降耗统计分析，在实现环保指标最优基础上最大限度地降低能源消耗。同时，对设备的运维和检修进行故障预警，实现燃煤电厂环保设备的“预知性维护、安全管控、智能化运行”，形成工业级的排放智慧控制和设备智慧运维方案。

（一）系统功能构成

该平台以云端集约高效管控、边缘端闭环智能生产为建设思路开展平台建设，设计了面向复杂对象的智能控制系统、面向日常全系统参数监视的智慧监盘系统、面向异常预知的智能预警系统、面向突发故障的故障溯源及智能处理系统、面向最优运行辅助决策的智能分析系统以及面向集群化高效管理的远程集约管控系统，实现了燃煤电站环保岛更加安全、高效、清洁、低碳、的运行目标。

平台架构采用 CS 架构，仍然具有很好的可移植性，且不同于传统的外挂优化系统采用

OPC或MODBUS等通信方式与DCS进行通信，该平台直接嵌入DCS系统，其控制系统与DCS同样处于生产Ⅰ区和Ⅱ区，有效地保证了系统运行的时效性、稳定性、安全性。基于云管边控架构的火电环保智能低碳管理平台建设整体架构见图4-14。

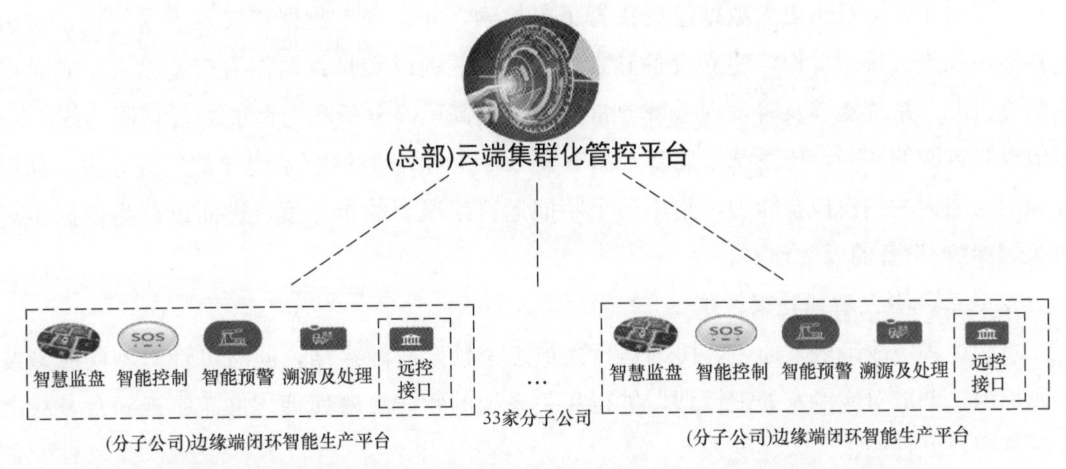

图4-14 基于云管边控架构的火电环保智能低碳管理平台建设整体架构

（二）主要功能

1. 智慧监盘系统

采用包含滤波、聚类、寻优、建模、预测、评价、整合的七步评价体系，实现了火电环保岛的智慧监盘。系统设计采用限幅滤波、中位值滤波、均值滤波及五点三次平滑滤波等手段，对建模数据进行滤波处理，应用聚类算法对工况进行划分，以经济性与安全性为约束条件，对聚类工况进行寻优，将聚类寻优结果作为建模数据，应用LS、BP、PLS、SVM等算法对最优工况进行建模，获取连续工况最优模型，并应用所建模型对实时工况输入进行最优参数预测，同时依据实时工况输出与模型输出间的空间距离进行优劣判断，给出量化评价得分，同时按照整套脱硫装置、子系统、设备、参数等级别垂直整合评价方案，当有参数超出最优运行范围或存在安全隐患时，系统会在评价总貌汇中给出相应报警，运行人员只需关注评价结果与子系统颜色即可实现全参数监盘。

2. 智能控制系统

基于深度学习预测模型、出口SO_2及pH值的快速控制，适应复杂工况下烟气变负荷要求，有效减少了石灰石供浆量及浆液循环泵的过量循环，保证了出口SO_2及pH值的控制品质，根据计算，优化后平均节省半台循环泵电耗：同时基于变工况控制吸收塔浆液密度自动控制、旋流子个数智能控制、石膏厚度智能控制系统，有效地降低了吸收塔石膏平均运行密度，降低了旋流子投运平均个数及旋流器磨损，提高了石膏品质，浆液循环泵喷淋量与pH值对出口SO_2浓度的协同精准控制，实现了最优钙硫比控制与出口SO_2浓度压线运行，大幅降低了控制过程出口浓度裕量，有效地节约了目标系统脱硫剂耗量。同时实现了环保岛各子系统的APS一键启动，提高了环保系统自动启停的正确率、规范性，减轻了运行人员的工作强度，缩短了系统启停时间，从整体上提高了机组的智能化水平。

3. 智能预警及诊断系统

通过对系统运行历史大数据进行预警工况检索，并结合大数据建模及专家知识，对预警目标系统进行模型辨识，建立设备异常预测模型，辅以实时数据作为模型输入，实时识别预警工况。系统能够及时发现系统异常状况，提高风险分析和防范能力，克服传统DCS定值报警方法的缺陷，该系统采用基于深度学习神经网络的参数/系统异常预警方法，利用神经网络强大的建模拟合能力，给出各个不同运行工况下的指导值，进而以此为依据实现对关键参数/设备的异常预警。

4. 故障溯源及智能处理系统

可快速锁定故障触发通道，协助运行人员迅速锁定故障症结，同时可针对不同故障及诱发原因，调取对应专家处理模型，进行相关系统的智能故障处理，进而实现异常及故障工况溯源及处理的"无人、少人"。

5. 通过建设云端管控系统

有效接入并整合龙源环保34家项目公司DCS实时生产数据，实现本部对各分子公司环保运行情况和生产数据的全过程监督，同时对生产、环保过程数据进行分类、统计、对比、分析，实现精细对标管理与考核提供依据，达到提高管理效率和管理水平的目的；通过远控平台报警统计分析处理系统，实现各分子公司生产报警信息的记录、分级、分类、统计等工作，按照报警日报、周报、月报制度扎实推进，建立报警专业分析组按照值班制度有序进行，报警机制已步入自动运转模式。利用大数据、人工智能和机器学习等信息技术，进行环保核心设备的关键技术及参数研究，着力解决火电环保系统主要设备耗能高、环保设备运维自动化水平低等重要问题，主力突破火电环保系统设备智能化改造和运行控制优化、精细控制算法和建模、生产运行体系建设等关键技术，建成环保智能化运维平台，最终实现火电厂环保岛系统的智能控制、少人值守式生产运行，达到燃煤电厂生产运营节能降耗的目的。

二、SCR催化剂全寿命周期管理

国外经过多年发展，已形成一整套成熟的脱硝催化剂全寿命周期管理模式，能够有效延长催化剂使用寿命、减少SCR脱硝装置运维成本。国内脱硝初期大规模脱硝建设，脱硝工程爆发式发展，脱硝催化剂市场混乱、产品质量良莠不齐，工程建设遗留问题逐步显现。发电企业脱硝运维经验与能力不足，以及催化剂寿命管理技术应用进展缓慢等一系列问题，造成SCR脱硝装置的运行稳定性、可靠性、经济性受到严重影响。

催化剂全寿命周期管理不仅实现脱硝装置的高效、可靠、经济运行，还是绿色低碳、污染减排的重要手段。现阶段，各发电企业、环保运维公司高度重视催化剂全寿命管理。

针对国内产业结构和管理模式，催化剂全寿命周期管理主要涵盖了催化剂设计与生产、催化剂检验、脱硝运维管理、催化剂寿命评估、催化剂再生与报废等环节。催化剂全寿命管理不仅发电企业是主体，还应包括生产制造商与第三方技术服务单位，各环节有不同的主体，但相互关联、相互融合。通过催化剂全寿命管理，发电企业能够获得质量稳定的催化剂产品与优质高效的技术服务，减少催化剂采购成本与运维成本，实现催化剂全寿命效益最大化。催化剂全寿命管理各组成部分的内容分析见图 4-15。

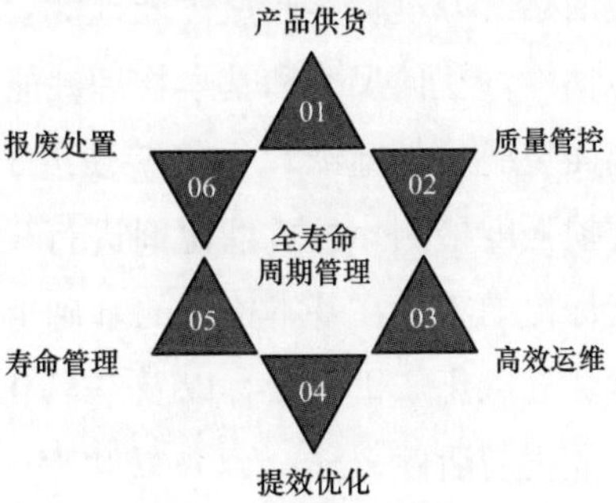

产品供货
01
质量管控
02
高效运维
03
提效优化
04
寿命管理
05
报废处置
06
全寿命周期管理

图 4-15 催化剂全寿命管理各组分部分

（一）设计与生产

催化剂设计、选型是脱硝装置安全、稳定运行的基础，是寿命管理的起点。催化剂设计首先确定设计条件，依据烟气特性、飞灰含量及特性等因素，考虑催化剂运行温度范围、催化剂模式或堵塞、二氧化硫转换率、催化剂中毒等因素，确定催化剂形式和组分，在设计寿命内应有效保证脱硝系统运行各项指标。催化剂选用原则应遵循脱硝效率高、选择性好、抗毒抗磨性强、阻力合适、运行可靠的原则，最大程度适应燃煤锅炉燃料及运行条件。SCR 反应器截面尺寸和催化剂布置设计，一是保证入口烟气流场的均匀性，二是保证催化剂通道内烟气流速在 6.0～8.0m/s 范围。

催化剂生产制造企业按照催化剂选型和组分进行催化剂制造，有条件的电厂（运行公司）可进行生产监造，监督生产工艺、质量控制情况，保证技术参数满足设计要求，并编制监造报告。

（二）检验与验收

催化剂质量是脱硝性能和催化剂寿命的根本保证，催化剂到厂后开展催化剂质量、性能检验、验收。一般分文件检验、外观检查、实验室检验和性能考核验收。

1. 文件检验

催化剂运至电厂后，电厂（运营单位）负责对产品合格证、产品自检报告、产品说明书和催化剂模块安装图、催化剂模块外形图进行检验，检验出厂产品的文件完整性，文件载明的催化剂符合设计要求和国家、行业标准。

2. 外观检查

检查催化剂外观覆盖物保护是否完整，拆除催化剂表面覆盖物后，催化剂外观是否良好。主要检查催化剂端面缺口、端面裂缝、外壁缺口、外壁裂缝、孔变形、内部横裂、单元变形等情况，并检查催化剂模块组装方式、焊接、滤网等部件是否满足要求，通过外观检查，保证催化剂外观良好。

3. 实验室检验

催化剂到现场后，根据相关抽样标准、方法，或双方约定方法进行抽样，送有相关资质的第三方进行实验室性能检测，并建立催化剂寿命周期管理台账。实验室催化剂理化性能抽检，几何尺寸和基本物理性能方面，蜂窝式催化剂进行单元几何尺寸检验，端面缺口、端面裂缝、外壁缺口、外壁裂缝、孔变形、内部横裂及变形检验，开展催化剂抗压强度、磨损强度检测。板式催化剂进行长度、宽度、厚度、节距检验，进行黏附强度、耐磨强度指标检测等。在基本检验的基础上，开展催化剂比表面积、孔容检验，进行催化剂二氧化钛、五氧化二钒含量，以及三氧化钨＋三氧化钼（WO_3+MoO_3）等成分分析。进一步完成催化剂活性、SO_2/SO_3 转化率、效率等工艺性能指标试验。对不满足设计要求的，进行退换货处理，以保证新购催化剂的质量。

在实验室工艺性能指标试验中，实验室具备催化剂单元（蜂窝式）检测能力，以保证试验结果的有效性。通过实验室检验，完成催化剂到货检验验收，建立新催化剂性能指标管理台账。

4. 性能考核验收

脱硝装置通过 168h 运行移交生产后，或更换催化剂后，按照相关标准进行性能考核验收。性能验收期间脱硝装备稳定运行，根据双方协议或运行工况，至少进行 100%和 50%机组负荷试验。催化剂性能验收指标主要包括：脱硝效率、氨逃逸浓度、SO_2/SO_3 转化率。通过性能考核，验证催化剂工程应用后脱硝装置的性能，为污染物达标排放，催化剂科学管理、高效运行奠定基础。

（三）精益化运维管理

1. 运行维护

加强脱硝装置的温度、差压、烟气组分等在线仪表维护，做到完整、可靠，为科学运行管理提供基础保障。运行中密切关注污染物排放、氨逃逸、烟气温度和空气预热器差压等监视。防止污染物超标、催化剂高温烧结；合理控制喷氨量，将脱硝效率、氨逃逸和 SO_2/SO_3 转化率统一作为脱硝指标管理，避免单一考虑效率指标导致系统问题发生。

优化喷氨投退控制逻辑，机组启动过程和低负荷运行时，减少低温喷氨时间和喷氨量，必要时进行改造，以减缓氨逃逸对催化剂性能影响。科学设定 NO_x 排放浓度控制目标，充分考虑监测结果延时问题，优化自动控制策略，提高调节品质，实现喷氨自动，控制氨逃逸。

锅炉启停时，应严格控制未燃物进入到反应器中，防止未燃物在催化剂表面灼烧导致催化剂烧结失活。锅炉点火过程中，严格控制温升，蜂窝式催化剂温度小于或等于 70℃时，升温速率控制 5℃/min 以下，烟温大于 70℃且小于或等于 120℃时，温升控制在 10℃/min 以下，烟温大于 120℃时，温升控制小于或等于 60℃/min。

设置声波和蒸汽两种吹灰方式，声波式吹灰应采取不间断循环运行方式，耙式蒸汽吹灰可定时或根据差压启动。蒸汽式吹灰温度要与反应器运行温度基本相同，最大温差应小于 100℃，不能低于最小允许运行温度，并控制耙式蒸汽吹灰的气体速度和压力，防止七里吹灰对催化剂形成破坏。

记录同一负荷条件下空气预热器压差、引风机电流指标变化情况，每季度应作对比分析，包括 SCR 脱硝系统运行对下游设备的影响，以判断脱硝运行健康状况，优化运行方式。当氨逃逸浓度超过设计值，NO_x 浓度超标等 SCR 脱硝系统性能指标异常，严禁盲目加大喷氨量，应进行系统分析判断，查找原因，及时处理。

脱硝系统停运前，吹灰器应运行一个完整的吹灰周期。SCR 清理前，需检查催化剂积灰、催化剂堵塞和磨损情况，脱硝反应器进口滤网拦截大颗粒积灰情况，必要时对燃料及灰样取样分析，以便及时掌握催化剂堵塞、失活的原因，制定处理措施。停炉期间对催化剂进行检查、清灰，用压缩空气对催化剂和反应器内部进行吹扫，清理残留灰分。停运期间做好催化剂维护工作，催化剂清灰、破损催化剂更换、堵塞疏通等，并做好催化剂防潮工作。

2. 优化调整

脱硝装置应定期进行性能试验，原则上可每年进行一次，判断脱硝装置及催化剂性能。每年进行一次氨格栅调整，检查喷氨支管的堵塞情况，清理沉积物。每年开展一次流场、浓度场监测，根据分布情况，调整各喷氨支管开度，以保证各点的氨氮摩尔比。当 SCR 脱硝系统运行指标恶化（出口 NO_x 浓度超标、氨逃逸超标、物料计算不平衡等），应增加调整频次。对于精准喷氨脱硝装置，根据运行情况适时开展检查、优化。

（四）催化剂性能评估

在催化剂寿命周期内定时开展催化剂理化性能检测，结合机组检修时间，及时对催化剂进行抽样检测和状态评估，一般时间间隔为累计运行时间 5000～8000h。反应器内每层催化剂各抽取一条测试样条进行检测。

催化剂性能检测应严格控制检测条件，催化剂性能检测应按照反应器运行工况进行。理化特性主要包括抗压强度、黏附强度、磨损强度、比表面积、孔容、孔径及孔径分布，以及主要化学成分、微量元素等。工艺特性试验分析包括脱硝效率、活性、SO_2/SO_3 转化率、氨逃逸、压降等。

根据催化剂及脱硝装置性能检测结果和催化剂寿命管理台账，研究催化剂性能变化趋势，预测催化剂更换周期，编制催化剂综合性能评估报告，提供催化剂运行、管理优化等建议，制定 SCR 脱硝催化剂再生或更换计划。

（五）催化剂再生、报废管理

1. 催化剂再生

根据评估，催化剂活性降低至设计寿命末期活性值以下时，在催化剂外观、理化性能符合再生要求时，可对催化剂进行再生。催化剂再生后化学寿命应达到新催化剂 80%以上，相对活性应达到新催化剂90%以上，SO_2/SO_3 转化率不增加。

2. 催化剂报废

失活催化剂不满足再生要求时，进行报废处理。催化剂属于危险废物，报废处置按照国家法律法规，委托具有相应资质和能力的单位进行。报废催化剂转移、处置（包括再生和利用）过程中产生的废酸、废水、污泥和废渣等应作无害化处理，避免产生二次污染。

以某1000MW机组为例，假设能够将催化剂化学寿命由3年延长至3.5年、节约还原剂耗量5%、降低脱硝及空气预热器运行阻力300Pa，则可每年节约催化剂成本50万元、还原剂成本40万元、能耗（水、电、汽耗）成本160万元，总计可节约脱硝运行成本250万元/年。催化剂全寿命周期管理运行见图4-16。

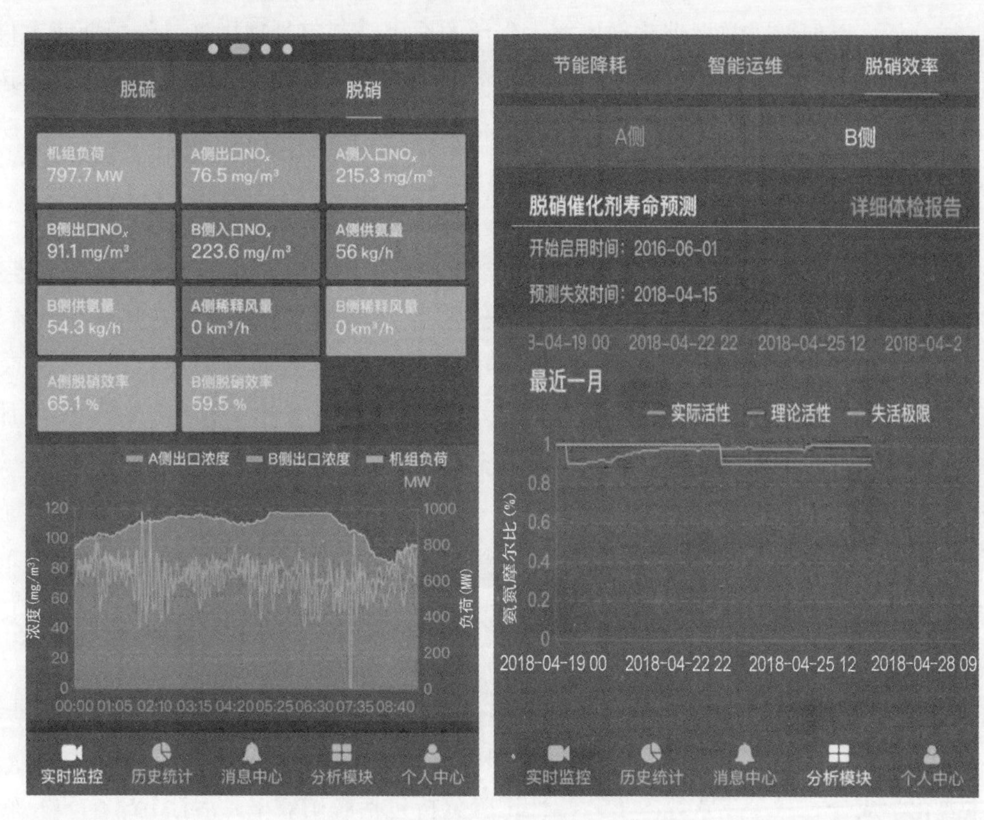

图4-16　催化剂全寿命周期管理运行

第四节　脱硫剂替代技术

一、电石渣替代脱硫剂

石灰石-石膏湿法烟气脱硫工艺因其技术成熟、运行稳定及脱硫效率高等优势，成为国内大型燃煤机组的主流脱硫工艺。电石渣是电石水解制取乙炔后的残渣，属于一般工业固体废弃物，其主要成分 $Ca(OH)_2$ 是 SO_2 吸收剂。采用电石渣代替石灰石或掺用进行烟气脱硫，不仅可以降低脱硫运行成本，而且还可以从根本上解决电石渣的处理问题，属于废物资源化利用，符合循环经济政策，具有重大的低碳减排意义。

（一）电石渣脱硫特性分析

1. 电石渣的理化特性

电石渣的主要成分及粒径分布湿基状态下，电石渣中 $Ca(OH)_2$ 含量约为 50%以上，干燥后高达 85%，中位粒径为 35～150μm，粒径分布范围较宽，细度难以满足石灰石-石膏法脱硫用石灰石 45μm 的平均粒径要求，电石渣浆呈强碱性，pH 值约为 12.55。

2. 电石渣的消溶特性

在湿法烟气脱硫过程中，脱硫剂的消溶特性是控制脱硫效率的重要步骤。电石渣消溶反应分为两个阶段，初期阶段主要受液膜扩散控制，反应后期阶段主要受表面化学反应控制，在液膜扩散控制阶段，液相主体与石灰石颗粒表面的 H^+ 浓度差是传质反应的推动力，反应活性影响因素有浆液 pH 值、温度、搅拌速率、金属阳离子含量等。降低 pH 值可以提高传质的系数，增大电石渣最终消溶量，pH 值由 7.5 降低至 4.3 时，电石渣的转化率增加了 22.4%，电石渣消溶的最佳 pH 值为 4.0～4.8。电石渣-石膏法脱硫工艺中，脱硫浆液的 pH 值一般为 5.5～6.5，在电石渣际运行中，pH 值控制更高，不利于电石渣的消溶，造成电石渣较大浪费。脱硫剂的粒径分布决定了与浆液反应的总比表面和的大小，研究认为电石渣作为脱硫剂的最佳粒径范围为 0～0.097mm，300 目（＜48μm）以上的电石渣可以获得良好的消溶速率及脱硫效率。典型电石渣的粒径分布在 0.015～0.8mm 内，如果不进行二次破碎，则容易产生电石渣浪费。某公司通过电石渣多级分选工艺，获得了 250 目过筛 90%以上的电石渣颗粒，电石渣的浪费情况得到显著改善。

3. 脱硫亚硫酸根的氧化特性

亚硫酸根的氧化对脱硫效率及石膏脱水至关重要，亚硫酸根氧化不满足要求可导致脱硫浆液中毒现象，影响脱硫效率，造成石膏脱水困难。在湿法脱硫工艺中，浆液 pH 值可以控制亚硫酸根的氧化反应速率，亚硫酸根氧化动力学的研究表明，其在 pH 值为 4.5 时氧化速率达到最大，而 pH 值大于或等于 5 时，随着 pH 值升高，亚硫酸钙的氧化效率逐渐受到抑制。为了兼顾脱硫效率及氧化效率，在石灰石-石膏湿法脱硫单塔系统中，往往将 pH 值控制在 5.0～5.8，而电石渣-石膏法的浆液 pH 值浮动较大，导致亚硫酸钙的氧化率偏低。此外，电石渣中的还原性硫化物等亚硫酸钙的氧化率也有一定的影响，加入缓冲吸收液稳定 pH 值是一种新研究思路。如何控制 pH 值的稳定性，提高亚硫酸钙的氧化率，是电石渣-石膏脱硫系统应用成功的关键因素。

4. 石膏脱水特性

$Ca(OH)_2$ 脱硫反应速率及结晶速率快，生成的石膏晶体粒径较小，同时，亚硫酸钙氧化控制问题，使得亚硫酸钙在石膏晶体表面迅速结晶析出，阻碍石膏晶粒的长大。电石渣中含有一定量的焦炭及以铁、镁、铝为主要成分的氧化物，在脱硫过程中难以除去，进入石膏中后影响石膏含水率，电石渣中碳粒的多孔结构导致其还吸附水中的有机物及絮凝剂等，导致污泥黏性较大，影响石灰石活性。石膏脱水困难是电石渣-湿法脱硫工艺存在的主要问题之一。

在湿法脱硫工艺中，通常可将电石渣代替氢氧化钙应用到石灰基碱法脱硫或石灰石-石膏法脱硫工艺中，针对存在高 pH 值电石渣消溶、亚硫酸钙氧化率低、石膏脱水困难，吸收塔易结垢等问题，优化设计和运行管理，提高运行可靠性水平。

（二）电石渣脱硫应用优势

脱硫自动控制：常规脱硫剂石灰石浆液，反应速度慢，迟延较大，实现脱硫剂自动调节困难。电石渣脱硫反应速度远比石灰石粉要快，应对入口 SO_2 浓度波动、深度调峰等工况反应快，易实现脱硫控制调整自动化。

碳排放的影响：在 CO_2 排放方面，采用电石渣-石膏法工艺每脱除 1t SO_2 比石灰石-石膏法减排约 0.69t CO_2。一座中型燃煤电厂，实现石灰石 50%的电石渣替代，年减少 CO_2 排放约 4 万 t 以上。

绿色资源化利用：电石渣作为一种大宗工业固废，电石渣脱硫具有以废治污、资源综合利用的循环经济效益；与石灰石-石膏法相比，电石渣-石膏法液气比低，降低脱硫能耗。选用电石渣代替石灰石烟气脱硫，可降低脱硫运行成本，具有良好的经济效益、环境效益和社会效益。

（三）应用案例

某电厂为解决石灰石粉采购困难，降低脱硫成本，在工程试验基础上，进行了电石渣脱硫改造。在脱硫区域建一座电石渣浆液箱，电石渣经卸料槽倒入箱内，通过补充工艺水调整电石渣浆液密度。电石渣脉冲悬浮泵，对电石渣进行脉冲搅拌，电石渣浆液配制完成后，根据运行要求将其送至各吸收塔。

以 2020 年 5 个月的运行统计，消耗电石渣 20000t，占脱硫剂总量的 70%。以每年消耗 4 万 t 电石渣计，一年收益将超过 300 万元，电石渣脱硫经济效益明显。在 CO_2 排放方面，1t 石灰石粉脱硫剂将产生 0.44tCO_2，而电石渣脱硫不会产生 CO_2。按电石渣耗量/石灰石粉耗量≈1.1 计，每消耗 1t 电石渣，将减少 CO_2 排放 0.4t，一年可减少 CO_2 排放量 1.6 万 t。

采用电石渣取代石灰石作脱硫剂，可实现以废治废，符合资源减量化、产物循环利用的发展模式。一方面有效地避免电石渣对环境的污染；另一方面为烟气脱硫解决了脱硫剂的问题，避免石灰石矿等资源的开采、消耗，国家在此方面已有政策倾斜。以电石渣替代石灰石作为脱硫剂在技术上是成熟的，系统运行也是稳定、可靠的，一般在 1～2 年内即可收回投资，可真正实现节能、环保与循环经济的和谐统一。可以预见，随着电石渣浆液处理技术的不断发展，其经济效益和环境效益将更加明显。

二、造纸白泥替代

造纸白泥是硫酸盐法制浆的工业副产品。纸浆厂一般采用碱法造纸，纤维提取是在原料中加入 NaOH 和 Na_2S 石进行蒸煮，蒸煮原料产生黑褐色草木浆，草木浆水洗后会产生黑液，黑液中含有氢氧化钠等成分。为了回收氢氧化钠，将黑液蒸发浓缩，然后燃烧，燃烧产生的灰烬中含有硫酸钠和氢氧化钠等，用水吸收后的液体呈绿色，称绿液；在绿液中加入生石灰，生成钙盐沉淀（主要成分为 $CaCO_3$），沉淀经过脱水过滤形成含水约30％白泥。

白泥属性为固废，购入成本低廉，且不需要研磨，具节能性。白泥为钢铁、冶金、化工、供热和垃圾焚烧炉等小型锅炉的污染治理提供了新的路线。发展资源化利用循环经济，在高效利用资源的同时达到减排的目的走可持续发展之路，进一步研究、利用白泥脱硫，对解决资源制约经济发展的问题、提高发电企业环保效益具有迫切的现实意义。

（一）白泥特性及脱硫影响

造纸白泥作为脱硫剂，具有较高的脱硫效率，满足作为脱硫剂的基本要求，但直接替代传统脱硫剂石灰石，仍有部分技术难点。

1. 白泥成分

白泥与石灰石在元素组成上有很大的相似性，主要成分都是 $CaCO_3$，一般干基含量在45％～50％（以 CaO 计）。白泥含有杂质，含较多的碱性物质和硅、钠、镁、氯离子等杂质，主要来源于木浆与草浆原料携带，以及石灰生产原料和液碱中的杂质携带。纸业白泥基本具备白泥脱硫的条件。

2. 白泥粒度

白泥粒度分布较广，95％粒径小于45μm，白泥浆液粒径和石灰石浆液相近，有利于脱硫。粒径较小使得白泥浆液有效成分的比表面积增大，其反应活性优于石灰石，且同等条件下，对管道、泵体磨损减缓。但同时由于白泥晶体堆积密集，相对石灰石浆液更容易沉积。

3. 碱性影响

白泥的主要成分是 $CaCO_3$，但由于其工艺中不可避免遗留残碱，其 pH 值在10～12，白泥的残余碱度是影响脱硫系统 pH 值控制的主要因素，残余碱度反应会使浆液 pH 值迅速下降，白泥的持续加入也会使脱硫浆液 pH 值迅速增高，局部 pH 值波动相对较大。pH 值高，易发生金属的碱性腐蚀，对于丁基橡胶的衬胶管道，对白泥储存、输送提出更高要求，应密切关注其碱性老化现象。

4. 白泥中胶体的干扰

绿液带到反应体系中的 $Al(OH)_3$ 和 H_2SiO_3 则与 NaOH 发生反应分别生成 $NaAlO_2$ 和 Na_2SiO_3，Na_2SiO_3 又与 $Ca(OH)_2$ 反应生成 $CaSiO_3$ 沉淀。所以，在白泥的生成过程中，pH 值大于11时为硅酸钙沉淀，当 pH 值小于10时，则转变为胶质的硅酸或硅酸盐。此外，从绿液中带进的 $Fe(OH)_3$、Fe_2S_3、FeS、$Mg(OH)_2$，仍以胶体悬浮于反应体系中。这些胶体会在吸收塔内包裹石膏晶核，抑制晶体增长，导致吸收塔内浆液中毒及石膏脱水困难。所以，在使用白泥作为脱硫剂时应注意硅积累导致的浆液中毒，特别是草浆白泥。

5. 白泥对石膏的影响

因造纸白泥残碱导致 pH 值易升高，脱硫浆液 pH 值局部偏差大，由此生成的石膏结晶粒径有所变化，石膏的黏性也随之改变，需要加强运行管理，调整 pH 值，并重新调整石膏脱水系统中的旋流器及脱水机滤布，通过试验确定滤布技术指标及石膏脱水运行方式。

通过白泥替代石灰石技术，不但可以节约湿法烟气脱硫的生产成本，同时还可以减少其他行业固体废弃物的排放，经济效益及社会效益显著。白泥脱硫在国内外的燃煤烟气处理中已有应用，正常运行的白泥脱硫装置其白泥脱硫效率可达 90%以上。

（二）应用情况

某燃煤机组脱硫白泥应用，试用期间共耗煤 15000t，平均含硫量 2.8%，CaO 理论计算需要约 610t。第一阶段石灰石和白泥各占 50%比例，第二阶段 100%使用白泥。吸收塔浆液 pH 值控制在 5.4～5.6，浆液密度在 1122～1156kg/m^3 范围，白泥浆液替代石灰石浆液进行吸收塔供浆，试验期间运行稳定，实现了白泥对石灰石浆液的完全替代。

三、中水污泥回用

城市新建电厂大都采用中水做水源，现有电厂也逐步进行中水切改。由于中水含有微生物、钙、镁离子以及少量的重金属杂质，需要采取石灰对其进行深度处理，去除水中易造成结垢和污染堵塞的物质，一般向水中投加纯度为 90%左右的 $Ca(OH)_2$ 来降低水的硬度及碱度，处理过程中产生的污泥主要成分为 $CaCO_3$。污泥的主要成分和脱硫系统的脱硫剂石灰石的主要成分大致相同，从理论上可用作脱硫系统的脱硫剂。中水处理初期，污泥作为废弃物处理，近年来，为控制脱硫运行成本，废弃物资源化利用，部分电厂将污泥作为脱硫剂使用。

（一）污泥特性及脱硫影响

1. 污泥中碳酸钙的含量

脱硫系统用石灰石的成分主要为 $CaCO_3$，另有 $MgCO_3$、酸不溶物、铁、有机物等。石灰处理中水产生的污泥主要成分是 $CaCO_3$，一般污泥中石灰石和氢氧化钙质量分数占比约为 85%，污泥中碳酸钙的含量稍低于石灰石，基本不影响脱硫系统的运行，但污泥成分较为复杂，主要受中水水源影响。中水深度处理污泥回用脱硫系统，主要面临的问题是污泥中含有的杂质较多，其中有机物、Fe^{2+}/Mg^{2+}、酸不溶物含量较高，影响脱硫浆液及石膏品质，同时易产生吸收塔浆液气泡、溢流现象。

2. pH 值控制及有机物

石灰石作为脱硫剂时，脱硫塔的 pH 值一般控制在 4.8～5.8 之间，石灰石浆液的 pH

值约为 9。污泥的 pH 值受石灰处理运行池内 pH 值控制值影响，一般控制 pH 值可为 9～11 之间，pH 值控制高于 10.5 以上。石灰能与中水中的镁发生反应生成 $Mg(OH)_2$，同时吸附大量有机物，$Mg(OH)_2$ 和有机物等会引起脱硫系统脱硫塔起泡的问题，导致脱硫塔液位不稳，因此可以通过控制中水石灰处理澄清池的 pH 在合理范围内，污泥的成分和 pH 值不会对脱硫系统产生较大影响。

3. 石膏粒度影响

根据相关研究发现，石灰预处理污泥，主要成分为 $CaCO_3$。用于脱硫系统的脱硫剂时，脱硫系统的石膏结晶颗粒较小，因此石膏脱水困难，导致石膏含水较高。

4. 反应活性

用于中水处理用石灰粒径要求宽松，处理过程生成 $CaCO_3$，研究结论表明，中水 $CaCO_3$ 污泥中位粒径 D50 一般大于或等于 100μm。通过活性试验表明，中水石灰处理污泥的活性较低于石灰石的反应活性。可以通过控制污泥与石灰石浆液的掺混比例，对脱硫系统的运行不发生影响。

5. 氯离子对脱硫的影响

中水一般为城市生活污水，但部分区域中水加入工业废水，个别水源、部分时段氯离子含量高，从而污泥氯离子含量较高，对脱硫浆液氯离子含量和脱硫废水排放量带来影响。一般情况下，中水污泥中氯离子对脱硫无明显影响。

电厂以中水为水源时，需要进行中水石灰处理，产生的污泥是一种固体废弃物。将中水处理产生污泥用于脱硫，无须对污泥进行脱水处理，不仅可实现中水污泥的资源化再利用，而且降低了处理成本和脱硫运行成本。目前污泥主要是掺入脱硫石灰石浆液，实现部分石灰石替代，脱硫工艺流程及副产品均未发生大的改变，具有很好环境和经济效益。

（二）污泥应用

中水污泥主要来源于中水处理中的石灰，相比于石灰石-石膏湿法烟气脱硫系统中的脱硫剂，采用中水处理产生的污泥以 $CaCO_3$ 为主要成分，和脱硫石灰石相似。目前，城市采用中水为水源的电厂，相对数量的电厂将污泥作为脱硫吸收剂掺入石灰石浆液进行脱硫。原有脱硫系统设计参数、工艺和运行参数等不发生变化，通过运行优化就取得良好的效果，该技术在我国不同容量的火电机组上得到较广泛应用，具有很好的推广价值。

参 考 文 献

[1] 杜雅琴，刘雪伟，等．超（超）临界火电机组运行与检修技术丛书-脱硫设备运行与检修技术［M］．北京：中国电力出版社，2012.

[2] 望亭发电厂．660MW 超超临界火力发电机组培训教材-脱硫脱硝分册［M］．北京：中国电力出版社，2011.

[3] 周至祥，段建中，薛建明．火电厂湿法烟气脱硫技术手册［M］．北京：中国电力出版社，2006.

[4] 于永合．火电厂湿法脱硫装置故障分析与处理［M］．武汉：武汉理工大学出版社，2011.

[5] 禾志强，祁利明，周鹏，赵丽萍，等．石灰石-石膏湿法烟气脱硫优化运行［M］．北京：中国电力出版社，2012.

[6] 郭静娟．SNCR-SCR 联合脱硝工艺影响因素探析［J］．电力安全技术．2018，20（7）：13-16.

[7] 毕玉森．低氮氧化物燃烧技术的发展状况［J］．热力发电．2000（2）：2-9.

[8] 王晶，廖昌建，王海波，等．锅炉低氮燃烧技术研究进展［J/OL］．洁净煤技术：2022，28（2）：99-114.

[9] 顾卫荣，周明吉，马薇．燃煤烟气脱硝技术的研究进展［J］．化工进展．2012，31（9）：2084-2092.

[10] 汪世清，郭东方，牛红伟，等．一种低温冷凝烟气一体化脱硫脱硝系统及方法：201910527521.5［P］．2019-08-23.